小中9年間の
算数・数学が
教えられるほど
よくわかる本

吉永豊文 Yoshinaga Toyofumi

ビジネス社

はじめに

　この本は、あなたに算数・数学の苦手意識をなくしてもらい「小学算数・中学数学を手早く復習して資格試験に合格したい」「子供に聞かれてわからなかったところを確認したい」「昔、苦手意識があって数学を諦めたけどもう一度やってリベンジしたい」などの想いを叶えてもらうための本です。

　算数や数学は一度わからなくなってしまうとそこからは全くわからなくなってしまう。計算ができるようになったからといって、できるようになるわけでもない。一体どうしたらいいの？　と思われるかもしれません。

　大事なことは、「言葉を理解する」「現象をつかむ」ということです。用語の意味、どのようなことが行われているのかを言葉で説明できるようにしていくことで、腑に落ちる感覚を得ていくことなのです。

　この本では、私が対話中心の個別指導の授業を積み重ねることで考えついた、とっておきの説明、理解するための工夫をふんだんに活用しています。本の説明があなたのよき伴走者となり理解をうながしてくれるでしょう。

そして、本書の最大の特徴は、やり方、必要な知識を「たったこれだけ」にピンポイントで50字以内に収めているところです。読むのに10秒もかかりません。飽きることもなく、ズバッと頭に入ってきてくれるはずです。

　例題・練習問題は、あなたを試すものではなく、理解や考えを広げてくれるものです。数学の解き方は限られていますが、解釈の仕方は無限です。解釈を現実とできる限り結びつけ、うなずきや「!!」を感じながら進めてもらう機会を増やしています。うなずきや「!!」は、「新たな学び」です。

　さらに解ける快感とノープレッシャーで楽しく進んでもらうことを意識した仕掛けをあちこちに散りばめました。ゲーム感覚で楽しんでいただけるはずです。さあ、私と一緒に楽しい算数・数学の世界へ飛び込んでいきましょう！

吉永豊文

目　次

はじめに …… 2

本書の使い方 …… 10

第1章
計算の基本

1 たし算・ひき算 …… 14

2 九九とわり算 …… 16

3 かけ算の筆算 …… 19

4 あまりのあるわり算 …… 22

5 わり算の現実への意味づけ …… 24

6 小数のたし算・ひき算 …… 26

7 小数のかけ算 …… 28

8 小数のわり算 …… 30

9 約数・素数 …… 32

10 素因数分解 …… 34

11 約数を素因数分解で求める …… 36

12 公約数と最大公約数 …… 38

13 ゾーンを使って公約数と最大公約数を求める …… 40

14 公倍数と最小公倍数 …… 42

15 ゾーンを使って公倍数と最小公倍数を求める …… 44

16 同じ分母の分数のたし算・ひき算 …… 46

17 分母が異なる分数のたし算・ひき算 …… 48

18 分数のかけ算 …… 50

19 分数のわり算 …… 52

20 あまりのないわり算と小数・分数 …… 54

21 不等号と大小関係の言葉 …… 56

22 負の数のたし算・ひき算 …… 58

23 負の数のかけ算・わり算 …… 60

24 負の数と累乗 …… 62

25 数の大小と絶対値の大小 …… 64

26 平方根とルートの意味 …… 66

27 ルートどうしのかけ算・わり算 …… 68

28 ルートどうしのたし算・引き算 …… 70

第2章
式の計算

29 文字式の基本 …… 74

30 同類項のたし算・引き算 …… 76

31 単項式のかけ算・わり算 …… 78

32 多項式のかけ算 …… 80

33 展開公式 …… 82

34 因数分解（共通因数型）…… 84

35 因数分解（たし・かけ型）…… 86

36 等式の性質 …… 88

37 方程式と解 …… 90

38 1次方程式 …… 92

39 文章題を1次方程式で解く …… 94

40 連立方程式（加減法）…… 96

41 2次方程式（平方根型）…… 100

42 2次方程式（$x^2 + \square x = 0$型）…… 102

43 2次方程式（$x^2 + \bigcirc x + \triangle = 0$型）…… 104

44 2次方程式「解の公式」 ····· 106

第3章
図 形

45 正方形・長方形の面積 ····· 110

46 三角形の面積 ····· 112

47 平行四辺形・台形の面積 ····· 114

48 立方体・直方体の体積 ····· 116

49 「柱（ちゅう）」の体積 ····· 118

50 「錐（すい）」の体積 ····· 120

51 円の周の長さと面積 ····· 122

52 円の孤の長さと扇形の面積 ····· 124

53 線対称・点対称の図形 ····· 126

54 直角三角形と三平方の定理 ····· 128

55 三平方の定理と三角定規 ····· 130

56 合同の三角形 ····· 132

57 拡大・縮小・相似の三角形 ····· 136

58 平行線と角度 ⸱⸱⸱⸱⸱ 140

第4章
グラフ

59 座標と座標平面 ⸱⸱⸱⸱⸱ 146

60 比例の式とグラフ ⸱⸱⸱⸱⸱ 148

61 反比例の式とグラフ ⸱⸱⸱⸱⸱ 152

62 1次関数 ⸱⸱⸱⸱⸱ 156

63 変化の割合 ⸱⸱⸱⸱⸱ 158

64 2乗に比例する関数の式とグラフ ⸱⸱⸱⸱⸱ 160

65 連立方程式の解と直線の交点 ⸱⸱⸱⸱⸱ 163

第5章
日常生活に使える算数・数学

66 平均値と中央値 ⸱⸱⸱⸱⸱ 168

67 階級とヒストグラム ⸱⸱⸱⸱⸱ 170

68 箱ひげ図 …… 174

69 確率の基本 …… 178

70 確率を表と樹形図で考える …… 180

71 割合と倍数 …… 182

72 割合と百分率 …… 184

73 割合と歩合 …… 186

74 割合と百分率と歩合 …… 188

75 比と比の関係 …… 190

76 単位の変換 …… 192

77 面積の単位変換 …… 194

78 体積の単位変換 …… 196

79 時間の単位変換 …… 198

80 速さ・時間・距離 …… 200

81 速さが変化する場合 …… 203

おわりに …… 206

本書の使い方

❶ この項目が小学校・中学校のいつ習うかを示しています。

❷ この項目を理解するための説明です。すべて50文字以内ですので、パッと読んで例題に進みましょう。自信があれば❹の練習問題に進んでもかまいません。

❸ 例題です。❷の内容を踏まえて解答が出るまでのステップをひとつずつ解説します。

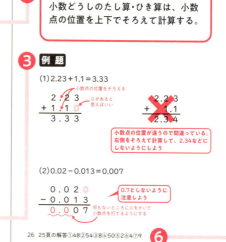

10

練習問題 ❹

55−3.2を計算せよ。

55−32=18となるので、答えは55−3.2=1.8として①(よい | はいけない)。

小数点をそろえて計算するためには55を(②550 | 55.0)と考えればよい。

すると、下の筆算となる。

```
  5 5 . 0
−   3 . 2
```

これを計算すると、
答えは55−3.2=③(518 | 51.8)である。

Point
小数と整数のたし算、ひき算の場合は、整数の一の位の右下に小数点を補って計算する。小数点以下で数字が足りないところには0を補って計算をする。

第1章 計算の基本

❹練習問題です。例題より少し難しい問題ですが、❷を理解していればバッチリ解くことができます。選択問題は│で区切られた選択肢のなかからひとつを選んでください。

❺項目の最後にポイントをまとめています。本文で扱わなかったことや日常生活への応用にも触れていることもありますので、ぜひ読んでください。

❻練習問題の解答です。原則、次の項目の最初のページ下部にありますので、こちらで答え合わせをしてください。

第 **1** 章

計算の基本

小学1年

足し算・引き算

たったこれだけ！

計算全体を見渡し、切りが良くなる部分を見つけて先に計算すると楽に計算できる。

例題

(1) $13 - 6 + 17 - 4$
 $= 13 - 6 + 17 - 4$ ← 計算全体を見渡して切りの良くなる部分を探す
 $= 13 + 17 - 6 - 4$ ← 順番を整えた
 $= 30 - 10 = 20$

(2) $13 - 6 - 3$
 $= 13 - 6 - 3$ ← 計算全体を見渡して切りの良くなる部分を探す
 $= 13 - 3 - 6$ ← 順番を整えた
 $= 10 - 6 = 4$

練習問題

(1) 3＋6＋7
　＝3＋7＋6
　＝（①）＋6＝（②）

(2) 18－5＋2
　＝18＋2－5
　＝（③）－5＝（④）

(3) 16＋8＋3－8
　＝16＋3＋8－8＝（⑤）

Point

視野を広く持つと、小さいところしか見えていないときよりも、多くのことに気付くことができる。

第1章　計算の基本

小学2年

2 九九とわり算

たったこれだけ！

九九は逆のものを使いこなすと半分覚えていれば十分。九九からわり算の式も作ることができる。

［九九の表］

	1	2	3	4	5	6	7	8	9
1	1	2	3	4	5	6	7	8	9
2	2	4	6	8	10	12	14	16	18
3	3	6	9	12	15	18	21	24	27
4	4	8	12	16	20	24	28	32	36
5	5	10	15	20	25	30	35	40	45
6	6	12	18	24	30	36	42	48	54
7	7	14	21	28	35	42	49	56	63
8	8	16	24	32	40	48	56	64	72
9	9	18	27	36	45	54	63	72	81

真ん中の斜めの列を境に同じ数字になっている。ということは、どちらかがわかっていれば九九は十分、ということになる

例題

(1) 数字を入れ替えたかけ算九九を言ってみて、どちらが言いやすいかを比べてみよう。

(a) はちしちごじゅうろく（8×7=56）
しちはごじゅうろく（7×8=56）

> いいづらい方があれば、逆に言ってみて言えるかどうかを試してみよう

(b) くろくごじゅうし（9×6=54）
ろっくごじゅうし（6×9=54）

(2) 1つの九九を使って、2つのわり算の式に言い換えてみよう。

例) さんくにじゅうしち（3×9=27）
　→27÷9=3と27÷3=9

> 数字を入れ替えるだけで、わり算の式を作ることができる。下の図を参考にしよう

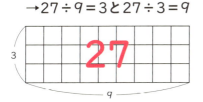

3×9=27　　27÷9=3　　27÷3=9
たて よこ 面積　　面積 よこ たて　　面積 たて よこ

(a) さんしじゅうに（3×4=12）
　→12÷3=4と12÷4=3

(b) はちくしちじゅうに（8×9=72）
　→72÷9=8と72÷8=9

練習問題

(1) かけ算九九が言えるかを確かめてみよう。

しちく(7×9)①(ごじゅうろく｜ろくじゅうさん)

くは(9×8)②(はちじゅういち｜しちじゅうに)

(2) ごろくさんじゅう(5×6＝30)からわり算の式を2つ作ってみると、

30÷5＝(③)と30÷6＝(④)となる。

(3) はちくしちじゅうに(8×9＝72)がわからなくなったとしたら、数字を入れ替えて、くは、を考えてみる。もしくは8が9個ある、と考えて、8が10個ぶんで8×10＝(⑤)となり、そこから8を1個分引いて80－8＝(⑥)としたりして、工夫して求めてもよい。

Point

九九を言えるようにして、そこからわり算を作り出したりすると、数との仲良し度を上げることができる。1つ学んだことから広げることができないか、の視点を持つようにしていこう。

小学3・4年

3 かけ算の筆算

たったこれだけ！

かけ算の筆算は、一番右の桁から九九を左にずらしながら計算。最後に右から同じ桁にある数字をたす。

例題 27×3を筆算で計算せよ。

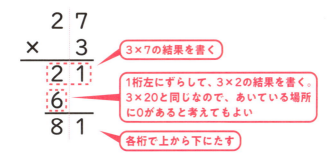

よって、27×3＝81

練習問題

47×23を筆算で求めよ。

```
    4 7
  × 2 3
  ─────
❶ □ □
```

❶の部分には①(3×7｜3×4)の計算をして書く。

```
    4 7
  × 2 3
  ─────
    2 1
❷ □ □
```

1桁左にずらして❷の部分には②(3×7｜3×4)の計算をして書く。

```
    4 7
  × 2 3
  ─────
    2 1
  1 2
❸ □ □
```

次は23の2の部分でのかけ算に移る。23の2がある桁の部分に合わせて❸の部分には③(2×7｜2×4)の計算をして書く。

```
  4 7
× 2 3
─────
  2 1
1 2
1 4
```
❹ ☐

1桁左にずらして❹の部分には(④2×7 | 2×4)の計算をして書く。

```
  4 7
× 2 3
─────
  2 1
1 2
1 4
  8
─────
```
❺ ☐☐☐☐

最後にそれぞれの桁で右側から縦にたし、❺の部分に計算結果⑤(881 | 981 | 1081)を書く。

第1章 計算の基本

Point

かけ算の筆算はどんなに大きな桁数でも、九九とたし算だけで計算をすることができる優れもの。

小学3・4年

4 あまりのあるわり算

たったこれだけ！

わられる数÷わる数＝商…あまり、は、
わられる数＝わる数×商＋あまり
⇒あまり＝わられる数－わる数×商。

例題 50を13でわったわり算の式を

わられる数÷わる数＝商…あまり、の式で表せ。

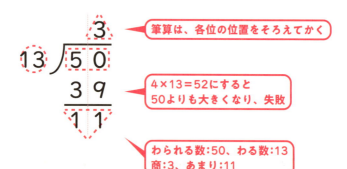

筆算は、各位の位置をそろえてかく

4×13＝52にすると
50よりも大きくなり、失敗

わられる数：50、わる数：13
商：3、あまり：11

よって、50÷13＝3…11 となる。

[練習問題]

502を13でわって、商とあまりを求めよう。

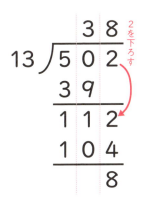

まず50を13でわることを考える。例題のように筆算すると、左のようになる。ここで、11という値は、

あまり＝①(わられる数｜わる数)－②(わられる数｜わる数)×商

の式を用いて求めていることに注目しよう。次は一の位にある2をおろして③(11｜110｜112)をわられる数として、13でわることを考える。

13×8＝104なので、112－104の計算をする。

以上により、502÷13の商は(④)あまりは(⑤)とわかる。

Point

わり算の筆算の中には、あまり＝わられる数－わる数×商、の計算が含まれることに注目して、わり算の理解を深めよう。

小学3・4年

5 わり算の現実への意味づけ

たったこれだけ！

商への意味づけは、1束をわる数にしたときの束数、もしくは、わる数の人数にアメを配るときの1人分の数。

例　題

(1)60本のネギがある。7本を1束としたときに、何束作ることができて何本あまるか求めよ。

$$
\begin{array}{r}
8 \\
7 \overline{\smash{\big)}\ 60} \\
\underline{56} \\
4
\end{array}
$$

> わり算の商が束数になり、あまりがネギのあまりの本数になる

$60 \div 7 = 8 \cdots 4$ である。

よって、8束作ることができ、4本あまる。

(2)100個のアメがある。7人に同じ数だけ配るときに、何個ずつ配れて、何個あまるか求めよ。

$$
\begin{array}{r}
14 \\
7 \overline{\smash{\big)}\ 100} \\
\underline{7} \\
30 \\
\underline{28} \\
2
\end{array}
$$

$100 \div 7 = 14 \cdots 2$ である。

よって、14個配ることができ、2個あまる。

> わり算の商が1人に配る個数になり、あまりがアメのあまりの個数になる

24 23頁の解答①わられる数②わる数③112④38⑤8

練習問題

50個のアメを6人に同じ数だけ配ると、あまりがでるが、ここに何個アメを加えると、ちょうど配りきることができるか。ただし、加えるアメはできるだけ少なくする。これを筆算を使わないで求めよ。また、配りきったときの1人分のアメの数も求めよ。

九九を用いて考えよう。ろくは①（42 | 48 | 54）、ろっく②（36 | 48 | 54）より、まずは6人に（③）個ずつ配ることができる。

わられる数＝わる数×商＋あまり、より
あまり＝わられる数ーわる数×商になるので
あまり＝④（40 | 50 | 60）－6×8＝（④）－48＝（⑤）

6人に配るのであまりの2個だと（⑥）個たりない。よってアメを（⑥）個加える必要がある。すると、1人分のアメは、8個ずつ配ってさらに1個ずつ配ることになるので（⑦）個ずつ配ることになる。

Point

計算結果が求めたいものとは限らない。何を求めたいのか、何が求まっているのかを言葉を使ってとらえ、計算と求めたいものとの橋渡しをしていこう。

第1章 計算の基本

小学3・4年

小数のたし算・ひき算

小数どうしのたし算・ひき算は、小数点の位置を上下でそろえて計算する。

例題

(1) 2.23 + 1.1 = 3.33

```
  2.23
+ 1.1
  3.33
```
小数点の位置をそろえる
0があると思えばいい

```
  2.23
+ 1.1
  2.34
```
✗

小数点の位置が違うので間違っている。右側をそろえて計算して、2.34などにしないようにしよう

(2) 0.02 − 0.013 = 0.007

```
  0.02
- 0.013
  0.007
```

0.7としないように注意しよう

何もないところに0をかいて小数点を打てるようにする

26　25頁の解答 ①48 ②54 ③8 ④50 ⑤2 ⑥4 ⑦9

練習問題

55−3.2を計算せよ。

55−32＝18となるので、答えは55−3.2＝1.8として①（よい｜はいけない）。

小数点をそろえて計算するためには55を②（550｜55.0）と考えればよい。

すると、下の筆算となる。

$$
\begin{array}{r}
5\ 5.0 \\
-\quad 3.2 \\
\hline
\end{array}
$$

これを計算すると、
答えは55−3.2＝③（518｜51.8）である。

Point

小数と整数のたし算、ひき算の場合は、整数の一の位の右下に小数点を補って計算する。小数点以下で数字が足りないところには0を補って計算をする。

第1章 計算の基本

小学4・5年

7 小数のかけ算

たったこれだけ！

小数のかけ算の筆算は、右をそろえて
かけ算し、小数点以下の桁数の合計を
右から数えて、そこに小数点を打つ。

例 題

(1) 3.21×1.2＝3.852

```
    3.2 1
×     1.2
    6 4 2
  3 2 1
  3.8 5 2
```

整数の時と同じように右側をそろえて計算

3.21は小数点以下2桁、1.2は小数点以下1桁、合計3桁になっている

最後に右から3桁分数えたところに小数点を打つ

(2) 0.031×5＝0.155

```
  0.0 3 1
×       5
  0.1 5 5
```

小数×整数も右側をそろえて計算

0.031は小数点3桁、5は小数点以下はないので、合計3桁になっている

右から3桁分ずらすと数字がなくなるので0をつけて小数点を右下に打つ

28 27頁の解答①はいけない②55.0③51.8

練習問題

213×32＝6816がわかっているとき、2.13×0.32の小数点の位置を筆算をしないで考えよ。

2.13は約①（2｜3｜1）の値である。0.32は約②（0.3｜0.02）の値である。

一番大きな桁の数をかけると掛け算のおおよその値になるはず。それを利用して小数点の位置が決まれば、筆算せずにおおよその値や小数点の位置が予想できる。

ここで、2×0.3を考えると③（6｜0.6）である。

よって、2.13×0.32の計算結果は、④（6816｜6.816｜0.6816）になることが予想できる。

Point

小数と小数、もしくは小数と整数のかけ算では、小数点の打つ場所を間違えないように、筆算だけではなく「おおよその値」に注目して、計算の確実性を増していこう。

第1章 計算の基本

小学4・5年

8 小数のわり算

たったこれだけ！

筆算では、わられる数と商の小数点は
わる数の小数点以下の桁数ぶん右に。
あまりの小数点はもとと同じ位置。

☆「もとと同じ位置」とは、わられる数のはじめの小数点の位置と同じ位置ということ。

例題 0.1÷0.04の商はいくつになるか求めよ。

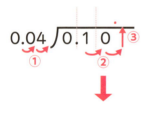

① まずはわる数の小数点の位置を右端にずらす（ここでは2桁分）

② わられる数の小数点を①と同じ分だけずらす

③ ②の位置を上に持っていき、商の小数点とする

④ ①②でずらした小数点の位置でわり算をする。この場合、10÷4の計算となった

よって、商は2.5

[練習問題] 10÷3.2の商を小数第一位まで求めよ。さらにあまりも求めよ。

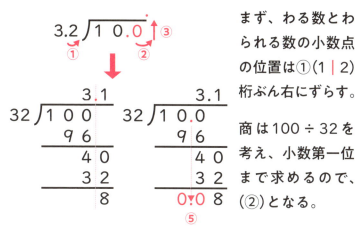

まず、わる数とわられる数の小数点の位置は①(1｜2)桁ぶん右にずらす。

商は100÷32を考え、小数第一位まで求めるので、(②)となる。

このとき、あまりは③(商の小数点｜わられる数のもとの小数点)の位置に合わせる。数字がないところに④(0｜1)をつけたすと、わられる数のはじめの小数点と同じ位置に小数点を打つので、あまりは⑤(8｜0.8｜0.08)になることがわかる。

Point

わる数が小数のわり算は難しい。それを簡単にしてくれるのは「流れ」。わる数の小数点(左)⇒わられる数の小数点(右)⇒商の小数点(上)⇒あまりの小数点(下)の目線の動きで流れをおさえておこう。

第1章 計算の基本

小学5年・中学1年

9 約数・素数

たったこれだけ！

ある整数をわり切ることのできる整数がその数の約数。自分自身と1以外に約数がない2以上の整数が素数。

例題

(1) 6の正の約数をすべて求めよ。

> 6までの数でわって、あまりがない数が約数

$6 \div 1 = 6$、$6 \div 2 = 3$、$6 \div 3 = 2$、$6 \div 4 = 1 \cdots 2$、
$6 \div 5 = 1 \cdots 1$、$6 \div 6 = 1$
となることから、6の正の約数は、1と2と3と6

> 正の数といわれなければ−1、−2、−3、−6も約数

(2) 1と2は素数といえるか。2以外の偶数（2の倍数）は素数といえるか。

> 素数は正の値だけを考える

・1は自分自身と1でわりきることができるが、2以上ではないので素数ではない。

・2の正の約数は1と2で、自分自身と1だけが約数であり、かつ2以上の整数なので2は素数といえる。

32 31頁の解答①1②3.1③わられる数のもとの小数点④0⑤0.08

・2以外の偶数4、6、8…は2でわりきれるので<u>素数</u>
<u>とはいえない。</u> ◀ 素数は基本的には奇数ということになる

練 習 問 題

10までの素数を求めよ。

1、2、3、4、5、6、7、8、9、10
この中から2以外の2の倍数である4、（①）、（②）、（③）
は素数ではないので消す。

次に残っている3は素数で④（ある ｜ はない）。ここか
ら3以外の3の倍数である6、（⑤）を消す。

残った5は素数で⑥（ある ｜ はない）。すると残りの7
も素数となる。残りの1と2に関しては1は素数で⑦（あ
る ｜ はない）。2は素数で⑧（ある ｜ はない）。以上よ
り1から10までの素数は2、3、5、7。

Point

1は素数ではないが、2は素数である
ことに注意しよう。そして、10まで
の素数を覚えておくと、素因数分解す
るときに役に立つ。

第1章 計算の基本

33

小学5・中学1年

10 素因数分解

たったこれだけ！

素因数分解は、ある数を素数のかけ算で分解して表す方法。わり算を逆にした形の筆算で求める。

例 題　12を素因数分解せよ。

② 素数を書く（はじめは2）

① 調べる数を書く

$$2\,)\,1\,2$$
② ①

$$6$$
③

③ ①÷②の値を書く

④ さらに素数でわる。③の位置の数が偶数である限り、2で素因数分解していく。③が奇数になったら、3、5、7…とわり切れる素数を見つけていく

$$2\,)\,1\,2$$
$$2\,)\,\ \ 6$$
④
$$3$$
⑥　　⑤

⑤ ここが素数になったら終わり

$$12 = 2 \times 2 \times 3$$
$$2^2 \times 3$$

⑥ L字型にかけると素因数分解完了

34　33頁の解答①6②8③10（①〜③はどの順でもよい）④ある⑤9⑥ある⑦はない⑧ある

練習問題

84を素因数分解せよ。

$$
\begin{array}{r}
2\,) \overline{84} \\
(①)\,) \overline{42} \\
(③)\,) \overline{21} \\
7
\end{array}
$$

84は偶数であるので2で素因数分解をする。84÷2＝42を使って進める。

次に42も偶数であるので（①）で素因数分解をする。

残った21は②（偶数｜奇数）なので2の次の素数である（③）で素因数分解できるかを確かめ実行する。

そして、7は素数で④（ある｜はない）ので、ここで終りとなり、84＝（⑤）と素因数分解できることがわかった。

> **Point**
>
> 素因数分解は、分数の約分、通分、最小公倍数、最大公約数、ルートなどたくさんの場所で活躍できるので、確実にできるようにしておこう。

第1章 計算の基本

小学5・中学1年

11 約数を素因数分解で求める

たったこれだけ！

正の約数は、①もとの数、②1、③素因数分解した素数、④素数の2つの積・素数の3つの積…、となる。

例 題

12の正の約数をすべて求めよ。

12を素因数分解すると12＝2×2×3。
2×2×3の2と3は約数。

> 素数を1つをピックアップすると、2と2と3になるが、同じものは省くので2と3

2×2×3から素数のかけ算を2つピックアップすると、2×2＝4と2×3＝6になり、4と6も12の約数とわかる。

> 2と2と3から2つのかけ算をピックアップすると、2×2と2×3と2×3になるが、同じものは省くので2×2＝4と2×3＝6。

2×2×3から素数の3つのかけ算をピックアップすると2×2×3＝12になり、12も12の約数。

> 素因数分解されたもとの数も約数になる。

これらに1を加えると、すべての12の約数になる。

よって、約数は1、2、3、4、6、12となる。

> 1はすべての正の整数の約数になる。

36　35頁の解答①2②奇数③3④ある⑤2×2×3×7（2^2×3×7も可）

練習問題

12の正の約数を小さい順に並べると1、2、3、4、6、12である。このとき、1番小さい約数の1と1番大きい約数の12をかけると12になる。2番目に小さい約数の2と2番目に大きい約数の6をかけると12になる。3番めどうしの3と4をかけても12になる。
この性質を使って18の約数を考えよ。

18は素因数分解すると18＝2×3×3である。正の約数を求めて小さい順に並べたら、

$$1、●、3、▲、9、18$$

となった。●と9をかけたら（①）になるので、●の値は（②）となる。▲と3をかけたら（③）になるので、▲の値は（④）とわかる。

Point

約数を小さい順に並べて、外側からペアを作り、かけると元の数になる。これを使うと約数をすべて求められているかをチェックできる！

小学5・中学1年

12 公約数と最大公約数

たったこれだけ！

公約数は共通する約数。最大公約数は公約数の中で1番大きいもの。

例 題

20と30の正の公約数と最大公約数を求めよ。

20を素因数分解すると20＝2×2×5
よって正の約数は、1、2、4、5、10、20になる。

30を素因数分解すると30＝2×3×5

約数の出し方は前項を参照

よって正の約数は、1、2、3、5、6、10、15、30になる。

正の公約数は1、2、5、10
よって、最大公約数は10である。

約数を見比べて共通しているものが公約数。この中で一番大きいものが最大公約数

38 37頁の解答①18②2③18④6

練習問題

12と18の正の公約数と最大公約数を求めよ。

12を素因数分解すると12＝2×2×3になる。よって、正の約数は1、2、（①）、4、6、12である。

18を素因数分解すると18＝2×3×3になる。よって、正の約数は1、2、3、（②）、9、18である。

公約数は小さい順に並べると、1、（③）、3、（④）となる。この中で一番大きい公約数は（④）であるので、最大公約数は（④）となる。

Point

最大公約数の意味をつかめたと思えたら、他の項目にも応用でき、簡単に求めることができるゾーンを使った方法を次の項目で身につけよう！

第1章 計算の基本

小学5年・中学1年

13 ゾーンを使って公約数と最大公約数を求める

たったこれだけ！

素因数分解でゾーンを作り、共通する素数をかけて求めた最大公約数の約数が公約数となる。

例題

20と30の正の公約数と最大公約数を求めよ。

	2のゾーン	3のゾーン	5のゾーン
20を素因数分解すると20＝2×2			×5
30を素因数分解すると30＝2		×3	×5

両方に共通する素数をかけて2×5＝10。

ゾーンで共通する約数をかけて最大公約数を求める。

よって、最大公約数は10となる。

10の正の約数は1、2、5、10なので、これが正の公約数となる。**公約数はこれらですべてそろっていることになる**

40 39頁の解答①3②6③2④6

練習問題

12と36の最大公約数と正の公約数を求めよ。

12を素因数分解すると12＝2×2×3

36を素因数分解すると36＝2×2×3×3

2のゾーン｜3のゾーン

2のゾーンの共通する素数は①（2｜2×2）であり、

3のゾーンの共通する素数は②（なし｜3）であるから、

それらをかけて、最大公約数は（③）とわかる。

（③）の正の約数は小さい順に（④）、（⑤）、3、4、（⑥）、

（⑦）なので、これが正の公約数となる。

Point

約数を並べるだけで最大公約数を求められるゾーンの方法をマスターすれば、3つの数でも4つの数でも最大公約数を求めることが楽にできるようになる。

第1章 計算の基本

小学5年・中学1年

14 公倍数と最小公倍数

たったこれだけ！

公倍数は共通する倍数。最小公倍数は
公倍数の中で1番小さいもの。

例題

12と18の最小公倍数と正の公倍数を求めよ。

12の倍数は12、24、36、48、60、72…
18の倍数は18、36、54、72…

> 倍数はその数を2倍、3倍…した数。
> それぞれの倍数を順に拾い上げていき、
> その中で共通したものが公倍数

よって、最小公倍数は36。

正の公倍数は36、72、108…である。

> 最小公倍数は、正の公倍数の中で一番小さい数。
> 最小公倍数を2倍、3倍しても公倍数を求めること
> ができる。公倍数は負の数も含め、いくつもある

42　41頁の解答①2×2②3③12④1⑤2⑥6⑦12

練習問題

(1)10と6の最小公倍数と正の公倍数を小さい方から3つ求めよ。

10の倍数は、10、20、30、40、50、60…
6の倍数は、6、12、18、24、30、36…

となるので、最小公倍数は(①)とわかる。
よって、正の公倍数は小さい方から(②)、(③)、(④)となる。

(2)16と24の最小公倍数と正の公倍数を小さい方から3つ求めよ。

16の倍数は、16、32、48、64、80、96…
24の倍数は、24、48、72、96、120、144…

となるので、最小公倍数は(⑤)とわかる。
よって、正の公倍数は小さい方から(⑥)、(⑦)、(⑧)となる。

Point

最小公倍数も、はじめはひろいあげの方法で求め、意味をつかめたと思えたら、次項のゾーンの方法も身につけよう！

第1章 計算の基本

小学5年・中学1年

15 ゾーンを使って公倍数と最小公倍数を求める

たったこれだけ！

最大公約数と同じく、素因数分解してそれぞれの素因数のゾーンを作り、すべての列の素因数をかける。

例題 12と18の最小公倍数を求めよ。

12を素因数分解すると12＝2×2×3
18を素因数分解すると18＝2×3×3

2のゾーン　3のゾーン
$$12＝2×2×3$$
$$18＝2　　×3×3$$

素因数をそろえて列にあるすべての素数をかけると、最小公倍数がわかる

$$2×2×3×3＝36$$

今回は2が2列、3が2列なので、2×2×3×3になった

よって、最小公倍数は36。

44　43頁の解答①30②30③60④90⑤48⑥48⑦96⑧144

練 習 問 題

12と30の最小公倍数を求めよ。

12を素因数分解すると12＝2×2×3

30を素因数分解すると30＝2×3×5

各ゾーンの数字をそろえると、以下の通りになる。

2のゾーン　3のゾーン　5のゾーン

12＝2×2 ┊ ×3 ┊

30＝　 2 ┊ ×3 ┊ ×5

最小公倍数を求めるには、各ゾーンのすべての列の数をかけていく。2のゾーンは2列なので①（2｜2×2）であり、3のゾーンは1列なので②（なし｜3）であり、5のゾーンも1列なので③（なし｜5）とわかる。よって、最小公倍数は④（2×3×5＝30｜2×2×5＝20｜2×2×3×5＝60）とわかる。

Point

素因数を上下にそろうように並べることで、最小公倍数の計算がしやすくなる。共通の素因数のみを使う最大公約数と求め方を混同しないよう注意しよう。

第1章 計算の基本

小学3・4・5年

同じ分母の分数の たし算・ひき算

たったこれだけ！

分母が同じ分数のたし算・ひき算は、
分母はそのままで分子を計算。

例 題

(1) $\dfrac{2}{3} + \dfrac{5}{3} = \dfrac{2+5}{3} = \dfrac{7}{3}$

分母が同じなので、1つの分数にして分子を計算

(2) $\dfrac{4}{5} - \dfrac{1}{5} = \dfrac{4-1}{5} = \dfrac{3}{5}$

分母が同じなので、1つの分数にして分子を計算

(3) $\dfrac{7}{6} + \dfrac{2}{6} = \dfrac{7+2}{6} = \dfrac{9}{6} = \dfrac{3 \times 3}{2 \times 3} = \dfrac{3}{2}$

分母が同じなので、1つの分数にして分子を計算

分母分子を3でわるか素因数分解を利用して約分

46 45頁の解答①2×2②3③5④2×2×3×5＝60

練 習 問 題

$\dfrac{15}{4} - \dfrac{3}{4}$ を計算せよ。

分母が同じなので、分子を計算し、

$$\dfrac{15}{4} - \dfrac{3}{4} = \dfrac{15-3}{4} = \dfrac{12}{4}$$

計算をした後は約分できるかを①（確かめる｜確かめなくてよい）。

今回は、素因数分解して約分を考える。

$12 = 2 \times 2 \times 3$、$4 = 2 \times 2$ となるので約分②（できる｜できない）とわかる。

よって $\dfrac{12}{4} = \dfrac{2 \times 2 \times 3}{2 \times 2} = \dfrac{2}{2} \times \dfrac{2}{2} \times \dfrac{3}{1} = 1 \times 1 \times \dfrac{3}{1}$

$= ③ \left(\dfrac{3}{1} \middle| 3 \right)$ と計算できる。

Point

たし算・ひき算したあと、約分できないか必ずチェック。分母が1になったら消すことも忘れずに。

第1章 計算の基本

小学3・4・5年

分母が異なる分数の たし算・ひき算

たったこれだけ！

分母が異なるときは、分母を（最小）公倍数にそろえて分子を計算。分母をそろえることを「通分」という。

例　題

$\dfrac{1}{2} + \dfrac{1}{3}$　分母が異なるので、分母をそろえないといけない

$= \dfrac{1}{2} \times \dfrac{3}{3} + \dfrac{1}{3} \times \dfrac{2}{2}$　両方に分母どうしをかけた。これで分母は2と3の公倍数になる

通分は値が変わらないまま分母を変えるので、かけても値の変わらない1を1$= \dfrac{2}{2}$や1$= \dfrac{3}{3}$として使う

$= \dfrac{3}{6} + \dfrac{2}{6}$　分母が同じ値になった

$= \dfrac{3+2}{6} = \dfrac{5}{6}$

48　47頁の解答①確かめる②できる③3

練習問題

$\dfrac{5}{4} - \dfrac{1}{6}$ を素因数分解を利用して通分して計算せよ。

2のゾーン 3のゾーン

4を素因数分解すると、$4 = 2 \times 2$

6を素因数分解すると、$6 = 2 \quad \times 3$

よって、4と6の最小公倍数は①（6 $\mid$ 12 $\mid$ 24）とわかる。

ここで、分母を（①）になるようにして通分する。

$\dfrac{5}{4}$ には1を言い換えた $\dfrac{(②)}{3}$ をかけ、6には $\dfrac{2}{(③)}$ をかければよい。これで分母が（①）になる。

$\dfrac{5}{4} - \dfrac{1}{6} = \dfrac{5}{4} \times \dfrac{3}{3} - \dfrac{1}{6} \times \dfrac{2}{2} = \dfrac{④(5-1 \mid 15-2)}{12}$

$\qquad = ⑤\left(\dfrac{1}{3} \mid \dfrac{13}{12} \right)$ となる。

Point

通分の計算は、分母どうしをかけた公倍数の値でもできるが、最小公倍数を身につけるためにも最小公倍数を活用してみよう。

第1章 計算の基本

小学6年

18
分数のかけ算

たったこれだけ！

分数のかけ算は、分母どうし、分子どうしをかける。約分は分母と分子の公約数でする。

例 題

(1) $\dfrac{2}{3} \times \dfrac{2}{5} = \dfrac{2 \times 2}{3 \times 5} = \dfrac{4}{15}$

分母と分子で約分できないことを確認。

分母どうし、分子どうしのかけ算にして計算する。

(2) $\dfrac{1}{4} \times \dfrac{2}{7} = \dfrac{1 \times 2}{4 \times 7} = \dfrac{2}{28} = \dfrac{1}{14}$

2と28の公約数は2。約分ができることがわかる。

（別解） $\dfrac{1}{4} \times \dfrac{2}{7} = \dfrac{1}{2 \times 2} \times \dfrac{2}{7} = \dfrac{1}{14}$

素因数分解して約分しやすくなった

50　49頁の解答①12②3③2④15－2⑤$\frac{13}{12}$

練習問題

$\dfrac{5}{6} \times \dfrac{2}{15}$ を素因数分解を利用して計算せよ。

$6 = 2 \times 3$、$15 = 3 \times 5$ である。

よって、$\dfrac{5}{6} \times \dfrac{2}{15} = \dfrac{5}{2 \times 3} \times \dfrac{2}{3 \times 5}$

分母分子は2で約分①（できる｜できない）。
分母分子は3で約分②（できる｜できない）。
分母分子は5で約分③（できる｜できない）。

よって、約分をして計算をすると、

$\dfrac{5}{6} \times \dfrac{2}{15} = \dfrac{5}{2 \times 3} \times \dfrac{2}{3 \times 5} = \dfrac{1}{3 \times 3} \times \dfrac{2}{2} \times \dfrac{5}{5}$

$= \dfrac{1}{3 \times 3} \times 1 \times 1 = \dfrac{（⑤）}{（④）}$ となる。

Point

約分は分母分子を同じ数でわる、という考えに、素因数分解をして1（かけても数字が変わらない）になる部分を作り出して、1を消していく、という方法も加えていこう。

第1章 計算の基本

小学6年

19 分数のわり算

たったこれだけ！

分数のわり算は、÷のうしろの分数を逆数（分母と分子を入れ替える）にしてかけ算する。

例 題

3は $\frac{3}{1}$ と考えて分数どうしのかけ算へ

(1) $3 \div \frac{2}{3} = \frac{3}{1} \times \frac{3}{2} = \frac{3 \times 3}{2} = \frac{9}{2}$

わる数の分数を逆数にした

(2) $\frac{4}{15} \div \frac{1}{5} = \frac{4}{15} \times \frac{5}{1} = \frac{4}{3}$

分母分子を5でわって約分

分数のわり算は逆数のかけ算へ

(3) $\frac{5}{12} \div \frac{2}{15} = \frac{5}{12} \times \frac{15}{2}$

分数のわり算は逆数のかけ算へ

$= \frac{5}{2 \times 2 \times 3} \times \frac{3 \times 5}{2} = \frac{5 \times 5}{2 \times 2 \times 2} = \frac{25}{8}$

素因数分解して約分を楽にしよう

52　51頁の解答①できる②できない③できる④9⑤1

練習問題

$\dfrac{5}{12} \div \dfrac{5}{6}$ を計算せよ。

分数のわり算は逆数のかけ算にするので
$\dfrac{5}{12} \div \dfrac{5}{6} = \dfrac{5}{12} \times \dfrac{(②)}{(①)}$ である。

まずは、素因数分解しないで計算してみる。
$\dfrac{5}{12} \div \dfrac{5}{6} = \dfrac{5}{12} \times \dfrac{6}{5} = \dfrac{5 \times 6}{12 \times 5} = \dfrac{(④)}{(③)}$

次に、素因数分解して計算してみよう。
$\dfrac{5}{12} \div \dfrac{5}{6} = \dfrac{5}{12} \times \dfrac{6}{5}$

$12 = 2 \times 2 \times 3$、$6 = 2 \times 3$なので、

$\dfrac{5}{12} \div \dfrac{5}{6} = \dfrac{5}{12} \times \dfrac{6}{5} = \dfrac{5}{2 \times 2 \times 3} \times \dfrac{2 \times 3}{5}$

$\quad = \dfrac{2 \times 3 \times 5}{2 \times 2 \times 3 \times 5} = \dfrac{1}{2} \times \dfrac{2}{2} \times \dfrac{3}{3} \times \dfrac{5}{5}$

$\quad = \dfrac{(⑥)}{(⑤)}$ となる。

Point

分数のわり算を逆数のかけ算にしてしまえば、あとは分数のかけ算のやり方通りに計算すればよい。

第1章 計算の基本

[小学3・4・5年]

あまりのないわり算と小数・分数

たったこれだけ！

あまりを出さないわり算の商は、筆算して小数を使って表すか、$\frac{わられる数}{わる数}$ の分数で表すことができる。

例題 (1) 5÷4の商を小数を使ってわりきる数まで求めよ。

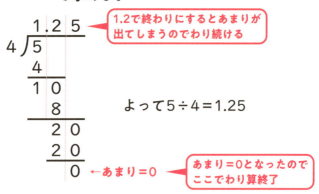

1.2で終わりにするとあまりが出てしまうのでわり続ける

よって 5÷4＝1.25

←あまり＝0

あまり＝0となったのでここでわり算終了

(2) 5÷4の商を分数を使って表せ。

$5 \div 4 = \frac{5}{4}$

わり算を分数で表すと $\frac{わられる数}{わる数}$ となる。約分できるときは約分しよう

練 習 問 題

50cmの紐を3等分したい。このときの1つ分の長さを計算せよ。

50÷3＝16…2の計算から16cmとして①（よい｜はいけない）

まずは小数で考えてみる。電卓で求めてみると50÷3＝16.6666…となった。このわり算はこのまま計算して続けていくと、わり切れることは②（ありそう｜なさそう）。よって、1つ分の長さははっきりと③（わかる｜はわからない）。

そこで分数で考えてみる。わり算は分数では

$\dfrac{わられる数}{わる数}$ となることより、$50 \div 3 = \dfrac{(⑤)}{(④)}$ となり、

はっきりと表すことができた。

Point

わり算には、あまりを出すわり算と、あまりを出さない〇等分をするわり算がある。この2つの違いを考えると、小数・分数があるとなぜ便利なのか、がわかってくる！

第1章 計算の基本

55

小学４・５年・中学１年

21 不等号と大小関係の言葉

たったこれだけ！

Ａ＞ＢはＡはＢより大きい、ＢはＡより小さい（Ａ未満）を表し、Ａ≧ＢはＡはＢ以上、ＢはＡ以下を表す。

例題 （1）Ａの袋に５個、Ｂの袋に３個、それぞれりんごが入っている。このとき、入っているりんごの数の大小を不等号で表すことができるものをすべて選べ。

①Ａの袋の中の数＞Ｂの袋の中の数 　5は3より大きい

②Ａの袋の中の数≧Ｂの袋の中の数
　≧は＞か＝のどちらかが成立していればよい。今回は5＞3が成立している

③Ａの袋の中の数＜Ｂの袋の中の数 　5は3より小さくない

④Ａの袋の中の数≦Ｂの袋の中の数
　5＜3, 5＝3のどちらも成立していない

よって成立している不等号は、答：①と②

56　55頁の解答①はいけない②なさそう③はわからない④3⑤50

(2) 7≧7ということができるか。

答：できる

> 7>7は成立していないが7＝7は成立
> しているので7≧7は成立しているといえる

練習問題

「このお菓子は3歳以上から食べられる食品です。」と言われたら、3歳の子どもは①（食べられる｜食べられない）。

「小学生以下のお子様は半額です。」と言われたら、小学生は半額に②（なる｜ならない）

$x<8$を満たす数を考える場合、xが整数であれば、xは7以下と③（いえる｜いえない）。xが整数と言われていなければ、7.5は条件を④（満たす｜満たさない）ことになるので、$x<8$を満たす数は7以下の数だけ⑤（になる｜にはならない）。

Point
日常生活では、「以上」と「より大きい」などが混同されて使われがちなので、イコールが含まれるのかどうかを確認するようにしよう。

第1章

計算の基本

中学1年

22
負の数のたし算・ひき算

たったこれだけ！

－A－BはA＋Bをしてマイナスをつける。A－Bでひききれないときは、B－Aをしてマイナスをつける。

☆AとBは正の数の場合。
☆「ひききれない」とは、ひき算の結果が0よりも小さくなることをさす。

例 題

(1)－3－5を計算せよ。

3＋5＝8となるので

$\qquad$ マイナスをとりはずしてたす

－3－5＝－8

$\qquad$ 3＋5＝8の結果にマイナスをつけて答えとする

(2)3－8を計算せよ。

8－3＝5となるので

$\qquad$ 3－8はひききれないので、ひく数とひかれる数を逆にした

3－8＝－5

$\qquad$ 8－3＝5の結果にマイナスをつけて答えとする

58 57頁の解答①食べられる②なる③いえる④満たす⑤にはならない

練習問題

(1) $-2-\dfrac{2}{3}$ を計算せよ。

このとき、まずは、$2+\dfrac{2}{3}$ の計算を考える。

$2+\dfrac{2}{3}=$ ① $\left(\dfrac{4}{3} \mid 2 \mid \dfrac{8}{3}\right)$ となるので、

$-2-\dfrac{2}{3}=$ ② $\left(\dfrac{4}{3} \mid -\dfrac{4}{3} \mid 2 \mid -2 \mid \dfrac{8}{3} \mid -\dfrac{8}{3}\right)$ となる。

(2) $1-\dfrac{5}{3}$ を計算せよ。

1 から $\dfrac{5}{3}$ は ③（ひききれる｜ひききれない）。なぜなら 1 は ④ $\left(\dfrac{1}{3} \mid \dfrac{3}{3}\right)$ なので $\dfrac{5}{3}$ より ⑤（大きい｜小さい）からである。

よって、$\dfrac{5}{3}-1=$ ⑥ $\left(\dfrac{2}{3} \mid \dfrac{4}{3}\right)$ を用いて $1-\dfrac{5}{3}$

$=$ ⑦ $\left(-\dfrac{2}{3} \mid -\dfrac{4}{3}\right)$ となる。

Point

正負の数のたし算・ひき算は0を原点とする数直線で考えるのもひとつの方法。プラスのときは右へ、マイナスのときは左へ動かしても答えが出る。

中学1年

23 負の数のかけ算・わり算

たったこれだけ！

負の数を含むかけ算・わり算は、符号と数字を分けて計算。マイナスが偶数個はプラス、奇数個はマイナス。

例題

(1) $2 \times (-3) \times (-4)$

符号と数字を別々に計算して、計算間違いを防ぐ。

数字の部分の計算は、$2 \times 3 \times 4 = 6 \times 4 = 24$

マイナスの個数は2個で偶数個。よって符号はプラスになる。

以上より $2 \times (-3) \times (-4) = 24$

(2) $-(-15) \div (-5)$

わり算でもマイナスの個数に入れる。カッコの外側のマイナスは $-1 \times$ の意味なので、かけ算ということになる。

数字の部分の計算は、$15 \div 5 = 3$

マイナスの個数は3個で奇数個。よって符号はマイナスになる。

以上より $-(-15) \div (-5) = -3$

59頁の解答① $\frac{8}{3}$ ② $-\frac{8}{3}$ ③ひききれない④ $\frac{3}{3}$ ⑤小さい⑥ $\frac{2}{3}$ ⑦ $-\frac{2}{3}$

練習問題

(1) $-(-12) \div (-3) \times (-2)$ を計算するとき、まずは左から順に計算をする方法で計算してみよう。

$-(-12) \div (-3) \times (-2) = (①) \div (-3) \times (-2)$
$= (②) \times (-2) = (③)$
となる。

次に、符号と数字を別に計算してみよう。

まず数字の部分だけ計算すると

$12 \div 3 \times 2 = (④) \times 2 = (⑤)$

符号は⑥（奇数個なのでマイナス｜偶数個なのでプラス）。

よって、$-(-12) \div (-3) \times (-2) = (⑦)$ となる。

Point

マイナスの扱いはNo.1といってもよいくらい計算間違いしやすい。複雑なものは、わかるまで分解して、それを1つにまとめあげていくことでのりこえていこう。

中学1年

24 負の数と累乗

たったこれだけ！

右上の小さい数は、その数を1に何回かけているかを表す。カッコがなければマイナスは含まない。

☆ある数を何回か掛け合わせる計算を「累乗」といい、右上の小さい数字はかけわせた個数を表し「指数」という。

例題

(1) $2^3 = 1 \times 2 \times 2 \times 2 = 4 \times 2 = 8$

> 2を3回1にかける

> 計算に慣れてきたら1は省略してもOK

(2) $(-2)^3 = 1 \times (-2) \times (-2) \times (-2) = -8$

> カッコがついているので、3回かけるのは2ではなく-2

> マイナスの数が3個なので全体の符号はマイナス

(3) $-2^4 = -1 \times 2 \times 2 \times 2 \times 2 = -16$

> カッコがついていないので2を4回-1にかける

> マイナスの数が1個なので、全体の符号はマイナス

62　61頁の解答①12②$-4$③8④4⑤8⑥偶数個なのでプラス⑦8

練 習 問 題

$-(-2)^2$ の計算をせよ。

$-(-2)^2$ で、カッコの外側のマイナスとカッコの中マイナスをかけて、

$$-(-2)^2 = \{-1 \times (-2)\}^2 = 2^2 = 2 \times 2 = 4$$

として①(よい | はいけない)。

2乗するものは②(2だけ | (−2)全体)だから、−1に(−2)を2回かけることになる。

$$-(-2)^2 = ③(-1 \times (-2) \times (-2) | 2 \times 2)$$

$$= ④(-4 | 4) となる。$$

Point
指数は計算間違いの原因になりやすい。指数があるとわかったら、1や−1に何を何回かけているのか、をカッコに注目しながら確認するクセをつけよう。

第1章 計算の基本

中学1年

25 数の大小と絶対値の大小

たったこれだけ！

数は数直線で右のほうが大きい。絶対値は数直線上で原点0からの距離が遠いほうが大きい。

☆絶対値は｜｜の記号で表し「大きさ」を表すため、0以上の数となる。例：|2|＝2、|－2|＝2つまり絶対値が2となる数には2と－2がある。

例題

(1) －3と－4とではどちらが大きいか考えよ。

数は数直線で右に配置されているもののほうが大きい

答：－3の方が大きい。

(2) |－3|と|－4|とではどちらが大きいか。

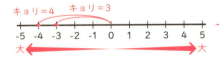

絶対値は数直線乗で原点0からの距離の大きさで比べる。原点から遠いほうが大きい

答：|－4|の方が大きい。

64　63頁の解答①はいけない②（－2）全体③－1×（－2）×（－2）④－4

練 習 問 題

(1) −3と2とではどちらが大きいか、を考えよ。

比べるものが①（絶対値｜数）なので数直線で②（原点からの距離が遠いほうが大きい｜右側にあるほうが大きい）。よって、③（−3｜2）のほうが大きいとわかる。

(2) |−3|と|2|とではどちらが大きいか、を考えよ。

比べるものが④（絶対値｜数）なので数直線で⑤（原点からの距離が遠いほうが大きい｜右側にあるほうが大きい）。よって、⑥（|−3|｜|2|）のほうが大きいとわかる。

Point

−3と−4などマイナスどうしの数の大小を比べるときに、ついつい3と4を比べてしまって4が大きいと考えがち。数を配置した数直線をイメージして間違いを防ごう。

第1章 計算の基本

中学3年

26 平方根とルートの意味

たったこれだけ！

ある数△の平方根は2乗（平方）すると△になる元の数（根）の意味。△の平方根には$\sqrt{△}$と$-\sqrt{△}$の2つがある。

☆$\sqrt{△}$と$-\sqrt{△}$はまとめて$\pm\sqrt{△}$と表すこともできる。$\sqrt{△}$は「ルート△」と読む。

例題 $2^2=4$, $(-2)^2=4$, $3^2=9$, $(-3)^2=9$, $4^2=16$, $(-4)^2=16$, $5^2=25$, $(-5)^2=25$を参考にして、次の問題に答えよ。

(1) 16の平方根はいくつか。

答：± 4

> 2乗したら16になる数、ということ。負の数もあることに注意

(2) 5の平方根はいくつか。

答：$\pm\sqrt{5}$

> 2乗したら5になる数は整数ではみつからない。このようなときは$\sqrt{}$を使って表す

(3) $\sqrt{7}$を2乗したらいくつになるか。

答：7

> $\sqrt{}$がついている数を2乗すると、$\sqrt{}$の中の数になるので、$(\sqrt{○})^2=○$となる

66　65頁の解答①数②右側にあるほうが大きい③2④絶対値⑤原点からの距離が遠いほうが大きい⑥$|-3|$

練習問題

面積が$3cm^2$の正方形がある。このときの1辺の長さは①$(3 \mid \sqrt{3})cm$である。

これを利用して、$\sqrt{3}$と2のどちらが大きい数なのかを考えよう。$\sqrt{3}cm$は面積が$3cm^2$のときの正方形の1辺の長さであるのだから、正方形の1辺の長さが$2cm$のときの面積（②）cm^2との大小を比べればよい。なぜなら1辺の長さが大きい方が面積も大きくなるからである。

以上より、$\sqrt{3}$と2とでは③$(\sqrt{3} \mid 2)$のほうが大きいとわかる。

Point

$\sqrt{}$がついている数とついていない数は大小が比べづらい。2つの数を2乗することで$\sqrt{}$がついていない数どうしにしてから比べてみよう。$\sqrt{}$の代表的な値を覚えておくのもよい。

第1章　計算の基本

中学3年

27 ルートどうしのかけ算・わり算

たったこれだけ！

ルートどうしのかけ算・わり算は、$\sqrt{\triangle} \times \sqrt{\bigcirc} = \sqrt{\triangle \times \bigcirc}$、$\sqrt{\triangle} \div \sqrt{\bigcirc} = \sqrt{\dfrac{\triangle}{\bigcirc}}$ とする。ルートの中の2乗の数は外に出す。

☆「ルートの外」とは$\triangle\sqrt{}$ の$\triangle$に位置する数字のことを指す。
☆$\sqrt{\bigcirc \times \bigcirc} = \bigcirc$、$(\sqrt{\bigcirc})^2 = \bigcirc$ となる。

例 題

ルートどうしのかけ算はルートの中のかけ算

$(1)\ \sqrt{2} \times \sqrt{5} = \sqrt{2 \times 5} = \sqrt{10}$

ルートどうしのわり算はルートの中のわり算。約分できるときは約分する

$(2)\ \sqrt{15} \div \sqrt{3} = \sqrt{\dfrac{15}{3}} = \sqrt{5}$

分母分子を3でわり約分をする

$(3)\ \sqrt{2} \times \sqrt{6} = \sqrt{2 \times 6} = \sqrt{2 \times 2 \times 3} = 2\sqrt{3}$

6を素因数分解する。ルートの中に2つある素因数を1つにして外に出すことでルートの中の数を小さくする。この場合、2が2つあるので、2を1つ外に出す

練 習 問 題

$\sqrt{2} \div \sqrt{10} = \sqrt{2 \div 10} = \sqrt{\dfrac{2}{10}} = \sqrt{\dfrac{1}{5}} = \dfrac{\sqrt{1}}{\sqrt{5}} = \dfrac{1}{\sqrt{5}}$ となるが、ここから分母のルートを解消することを考えよう。このことを「分母の有理化」という。

> ルートがついていない数のことを有理数という。
> ルートをはずすことのできない数は無理数という

分母のルートを解消するには、分母と同じルートを分母と分子にかければよい。今回であれば分母に$\sqrt{5}$があるので$\dfrac{①}{\sqrt{5}}$をかける。このとき分母分子が同じ数は②(1｜1以外の数)であるので、かけても値は変わらない。

$$\dfrac{1}{\sqrt{5}} = \dfrac{1}{\sqrt{5}} \times 1 = \dfrac{1}{\sqrt{5}} \times \dfrac{\sqrt{5}}{\sqrt{5}} = \dfrac{\sqrt{5}}{(③)}$$

となり、分母の有理化が完了したことになる。

Point

$\sqrt{}$ の中の数を小さくするときにも素因数分解を利用すると、簡単にルートの外に出すことのできる数を見つけることができる。

第1章 計算の基本

[中学3年]

28 ルートどうしのたし算・ひき算

たったこれだけ！

ルートどうしのたし算・ひき算は、ルートの中が同じときに、$a\sqrt{\triangle} \pm b\sqrt{\triangle} = (a \pm b)\sqrt{\triangle}$ と計算する。

例 題

(1) $\sqrt{2} + 2\sqrt{2} = (1 + 2)\sqrt{2} = 3\sqrt{2}$

ルートの中が同じ数なのでたすことができる。

(2) $7\sqrt{5} - 3\sqrt{5} = (7 - 3)\sqrt{5} = 4\sqrt{5}$

ルートの中が同じ数なのでひくことができる。

(3) $\sqrt{2} + \sqrt{8} = \sqrt{2} + \sqrt{2 \times 2 \times 2} = \sqrt{2} + 2\sqrt{2}$

ルートの中の数がちがっていてもルートの中の数を小さくすると計算できる可能性がある。

ルートの中の同じ数の2つのかけ算は、ルートが外れて1つぶんがルートの外に出る。

$= (1 + 2)\sqrt{2} = 3\sqrt{2}$

70　69頁の解答①$\sqrt{5}$②1③5

練 習 問 題

$\sqrt{8} + \sqrt{32}$ を計算せよ。

まず、$\sqrt{8} + \sqrt{32} = \sqrt{8+32} = \sqrt{40} = \cdots$ と計算して①（よい｜はいけない）。

素因数分解を利用して$\sqrt{}$の中の数を小さくしていく。
$\sqrt{8} = \sqrt{2 \times 2 \times 2} = (②)\sqrt{(③)}$

$\sqrt{32} = \sqrt{2 \times 2 \times 2 \times 2 \times 2}$ については

ルートの中の4つの2のかけ算はルートを外して2が（④）つのかけ算になる。

よって、$\sqrt{2 \times 2 \times 2 \times 2 \times 2} = 2 \times 2 \times \sqrt{2} = 4\sqrt{2}$

以上から、$\sqrt{8} + \sqrt{32} = 2\sqrt{2} + 4\sqrt{2} = (⑤)\sqrt{2}$ となる。

Point

$\sqrt{}$どうしのたし算・ひき算をするときには、$\sqrt{}$どうしのかけ算の知識と素因数分解を利用して$\sqrt{}$の中を小さい数にしてから計算する。

第 2 章

式の計算

中学 1 ～ 3 年

29 文字式の基本

たったこれだけ！

文字式では「×」「÷」の記号は使わない。係数の1は省略する。係数と文字のセットを項という。

例 題 次の文字式を「×」「÷」の記号を使わずに表せ。

(1) $3 \times a \times x$　答：$3ax$

> 数字は一番左に置き、文字はその右にアルファベット順に書く（他の順でも間違いではない）

(2) $2 \div x \times y$　答：$\dfrac{2y}{x}$

> 「÷」がついている文字や数は分母にもっていく。
> その他の数字や文字は分子にもっていく

(3) $3 \div 3 \times x$　答：x

> $3 \div 3 = 1$だからといって$1x$と書かない。$-1x$も$-x$と書く

(4) $2ax + 3by$の項を全ていえ。

　　答：$2ax$と$3by$

> 項は数字と文字のかたまりのこと。かたまりの切れ目は「＋」と「－」で、＋$3by$の「＋」は省略する。「－」は省略できない

74　71頁の解答①はいけない②2③2④2⑤6

練 習 問 題

(1) $x \times x \times a \times 4 \times y \times x$ という文字式を文字式の表し方に沿って表せ。

「×」は省略するから $xxa4yx$ と表①(せばよい | してはいけない)。

数字は一番左に、文字はアルファベット順、同じ文字には指数を②(使う | 使わない)から、

$x \times x \times a \times 4 \times y \times x =$ ③ ($4axxxy$ | $4ax^2xy$ | $4ax^3y$)と表す。

(2) $3 \div x \times y = 3 \times \dfrac{1}{x} \times y =$ ④ $\left(\dfrac{3}{xy} \ \middle| \ \dfrac{3y}{x} \right)$ であり、

$3 \div (x \times y) = 3 \times \dfrac{1}{x \times y}$ ⑤ $\left(\dfrac{3}{xy} \ \middle| \ \dfrac{3y}{x} \right)$ である。

Point

カッコで囲まれた部分は1つのかたまりの文字や式と考えて扱う。
○÷△×□と○÷(△×□)の違いに注意しよう。

中学1年

30 同類項のたし算・ひき算

たったこれだけ！

文字の組み合わせが同じ項のことを同類項といい、同類項のたし算・ひき算は係数のたし算・ひき算です。

☆文字の組み合わせの種「類」が「同」じ項のことを同類項という。

例題

(1) $3xy$ と x は x と y の両方を文字とした場合に同類項といえるか　答：いえない

> 文字の種類が違っているので同類項にはならない

(2) x^2y と $3yx^2$ は x と y の両方を文字とした場合に同類項と言えるか　答：いえる

> 文字の組み合わせが $x \times x \times y$ と $y \times x \times x$ と同じなので同類項

(3) $x + 4x$ を計算できたらする　答：$5x$

> カッコを使うと $(1+4)x = 5x$ ということ。省略された1に騙されないように

(4) $x + 2y$ を計算できたらする
答：計算できない

> 文字の組み合わせが違うのでこれ以上計算できない

76　75頁の解答①してはいけない②使う③ $4ax^3y$ ④ $\dfrac{3y}{x}$ ⑤ $\dfrac{3}{xy}$

練習問題

(1) $3x - 8x$ を計算せよ

$3x - 8x = $ ① $(5x \mid -5x)$ である。

(2) $3x + 2y - 4x$ を計算せよ。

この計算には（②）つの項がある。この中で同類項は
③（ある | ない）。よって、計算をすると
$3x + 2y - 4x = $ ④ $(5xy - 4x \mid -x + 2y \mid 3x + 2y - 4x)$
となる。

(3) $5y + 3x - 4z + 2y - x$ を計算せよ。

$= $ ⑤ $(3 \mid 2 \mid -)x + $ ⑥ $(2 \mid 5 \mid 7)y$ ⑦ $(-2 \mid -3 \mid -4)z$

(4) $2x + x^2$ を計算すると ⑧ $(3x \mid 3x^2 \mid 2x + x^2)$ である。

第2章 式の計算

Point

同類項の係数は〜個と考えると計算しやすい。例えば$x + 3x$であれば1個のxと3個のxをたす、となるので4個のxになる。よって$x + 3x = 4x$。

中学2・3年

31 単項式のかけ算・わり算

たったこれだけ！

文字式のかけ算は、係数どうし、文字どうしでかけ算をする。わり算は、逆数のかけ算に直して計算をする。

例 題

(1) $3x \times 4$ はいくつか　答：$12x$ ◀ 数字どうしをかける

(2) $3y \div 6$ はいくつか　答：$\dfrac{y}{2}$ ◀ 数字どうしをわる。少数ではなく分数を使う

(3) $3x \times 4x$ はいくつか　答：$12x^2$ ◀ 数字どうし、文字どうしでかける

(4) $6y \div 3y^2$ はいくつか。分数で答えよ。　答：$\dfrac{2}{y}$

文字の約分は、かけあわせている文字の個数に注目する。$6y \div 3y^2 = 6y \times \dfrac{1}{3y^2} = \dfrac{2 \times 3 \times y}{3y \times y} = \dfrac{2}{y}$

78　77頁の解答①$-5x$②3③ある④$-x+2y$⑤2⑥7⑦$-4$⑧$2x+x^2$（計算できない）

練習問題

(1) $(3xy^2)^2$ を計算せよ。

$(3xy^2)^2$ とはカッコのかたまりに注目して、$3xy^2$ を1に（①）回かけあわせたものを表しているから

$(3xy^2)^2 = 1 \times 3xy^2 \times 3xy^2$
$= 3 \times x \times y \times y \times 3 \times x \times y \times y$
$= 9x^{(②)}y^{(③)}$ となる。

(2) $5x^3y^2 \div 10xy^4$ を計算し、分数で答えよ。

$5x^3y^2 \div 10xy^4 = \dfrac{5x^3y^2}{10xy^4} = \dfrac{5 \times x \times x \times x \times y \times y}{10 \times x \times y \times y \times y \times y}$

$= \dfrac{5 \times x \times x \times x \times y \times y}{2 \times 5 \times x \times y \times y \times y \times y}$

$= \dfrac{x^{(⑤)}}{2y^{(④)}}$

Point

文字どうしのかけ算・わり算は、かけている回数に注目するとわかりやすくなる。わかりづらいときにはバラバラのかけ算にして計算しよう。

中学1・3年

32 多項式のかけ算

たったこれだけ！

多項式のかけ算は、各項を符号を含めてかたまりにし、2つめのカッコの項に矢印をひいて「＋」で結ぶ。

☆符号まで含めてかたまりにするのは、計算間違いを防ぐため。わりふりと計算をわけてすると、計算間違いを防げる。

例題 (1) $3x(2x+y)$ を展開せよ。

$3x(2x+y) = 3x \times 2x + 3x \times y = 6x^2 + 3xy$

(2) $2x(x-2y)$ を展開せよ。

$2x(x-2y) = 2x \times x + 2x \times (-2y) = 2x^2 - 4xy$

符号も含めてかたまりにしたら、「＋」でつなげていく

(3) $-2x(a-b)$ を展開せよ。

$-2x(a-b) = -2x \times a + (-2x) \times (-b)$
$= -2ax + 2bx$

(4) $(2a-3b) \times c$ を展開せよ。

$(2a-3b) \times c = 2a \times c + (-3b) \times c = 2ac - 3bc$

80 79頁の解答①2②2③4④2⑤2

練習問題

$(a-2b)(3x-4y)$ の展開をせよ。

それぞれの項を符号を含めてかたまりにする。かたまりを意識するためにカッコを使うと
$(a-2b)(3x-4y)$
$=\{(a)+(-2b)\}\{(3x)+(-4y)\}$
となる。

ここで (a) は $(3x)$ と $(-4y)$ の両方の項にわりふっていく。そして、$(-2b)$ は $(3x)$ と $(-4y)$ の両方の項にわりふら①（ないといけない｜なくてよい）。
よって、$\{(a)+(-2b)\}\{(3x)+(-4y)\}$
$=(a)\times(3x)+(a)\times(-4y)+(-2b)\times(3x)+(-2b)\times(-4y)$
$=$②$(3｜-3)ax$③$(+4｜-4)ay$④$(+6｜-6)bx$
⑤$(+8｜-8)by$ となる。

Point

わりふって計算をするときに、符号を間違えることが多い。同時にいくつかのことをするのではなく、順番に丁寧に進めていくと間違いを未然に防げる、ということは日常生活とかわらない。

中学3年

33 展開公式

たったこれだけ！

$(a \pm b)^2 = a^2 \pm 2ab + b^2$、
$(a+b)(a-b) = a^2 - b^2$は結果をすぐに求められる省エネ公式。

例 題

(1) $(a+b)^2$をわりふって展開せよ。

$(a+b)^2 = (a+b)(a+b)$

$= a^2 + ab + ba + b^2 = a^2 + 2ab + b^2$

(2) $(a-b)^2$をわりふって展開せよ。

$(a-b)^2 = (a-b)(a-b)$

$= a^2 - ab - ba + b^2 = a^2 - 2ab + b^2$

(3) $(a+b)(a-b)$をわりふって展開せよ。

$(a+b)(a-b) = a^2 - ab + ba - b^2 = a^2 - b^2$

82 81頁の解答①ないといけない②3③−4④−6⑤+8

練習問題

(1) $(a-b)^2=a^2-2ab+b^2$ を使って 19^2 の値を求めよ。

$19=20-$ (①) を公式 $(a-b)^2=a^2-2ab+b^2$ に代入する。つまり $a=20$、$b=1$ を代入する。
$19^2=(20-1)^2=20^2-2\times20\times1+1^2=400-40+1$
$360+1=$ (②) と簡単に計算できる。

(2) $(a+b)(a-b)=a^2-b^2$ を使って 22×18 の値を求めよ。

$22=20+$ (③)、$18=20-$ (④) を公式 $(a+b)(a-b)$
$=a^2-b^2$ に代入する。つまり $a=20$、$b=2$ を代入する。
$22\times18=(20+2)(20-2)=20^2-2^2$
$=400-4=$ (⑤) と簡単に計算できる。

第2章 式の計算

Point

展開公式の a や b には $3x$ などのかたまりの式を代入してもよいし、20などの数字も代入してよい、ということがわかると、公式を使える幅が広がってくる！

中学3年

34 因数分解（共通因数型）

たったこれだけ！

因数分解とは1つの式を切れ目のないかけ算で表すこと。共通因数があればくくりだすことができる。

例題 (1) $2ax + bx$ を共通因数でくくり、因数分解せよ。

$$2ax + bx = 2 \times a \times x + b \times x = x(2a + b)$$

「＋」が切れ目　　　共通因数xをくくり出した

(2) $ax + 2ab + 1 = a \times x + 2 \times a \times b + 1 = a(x + 2b) + 1$ は共通因数でくくり出すことで、因数分解した、といえるか。

切れ目の「＋」があるので、因数分解できたとはいえない。共通因数は3つの項すべてのかけ算のパーツになっているものである

答：言えない

☆共通因数とは、すべての項に共通しているかけ算のパーツのこと。切れ目は「＋」「−」が目印であるが、カッコの中にある「＋」と「−」はカッコ全体を1つのかたまりとみなすので、切れ目とみなさない。

84　83頁の解答①1②361③2④2⑤396

練 習 問 題

(1) $3ax + 2bx + x$ を因数分解しよう。

今回の項は全部で（①）項ある。それぞれの項に共通したかけ算のパーツは②（ a | b | x ）であるから
$3ax + 2bx + x =$ ③（ $x(3a+2b)$ | $x(3a+2b+1)$ ）と因数分解できる。

(2) $3ax^3 + 4a^2x^2 + 5a^3x$ において、共通因数に x があるので、x でくくると $x(3ax^2 + 4a^2x + 5a^3)$ となる。ここで因数分解を終わりに④（できる | できない）。カッコの中に共通因数⑤（ x | a ）があるので、さらにそれでくくると
$x(3ax^2 + 4a^2x + 5a^3) = ax(3x^2 + 4ax + 5a^2)$ となる。

Point

くくり出したとき、各項のその他の部分はカッコの中にいれていけばよい。その他の部分がない場合は「1」をカッコの中に入れることを忘れずにする。例えば $x×y+y$ は $y(x+1)$ となる。

[中学3年]

35
因数分解（たし・かけ型）

たったこれだけ！

共通因数がない$x^2 + \bigcirc x + \triangle$は、たして$\bigcirc$かけて$\triangle$になる2つの整数を見つけ$(x + 数_1)(x + 数_2)$と因数分解。

$\bigcirc$（1次の係数）＝数$_1$＋数$_2$　△（定数項）＝数$_1$×数$_2$ということ。かけて△となる2つの数を全部みつけて、その中からたして$\bigcirc$となるものを選ぶ。

例題

(1)たして3 かけて2となる2つの整数はいくつか。

答：1と2

かけて2となる2つの数は1と2、−1と−2。たして3となるのは1と2

(2)(1)を参考にして$x^2 + 3x + 2$を因数分解せよ。

答：$(x + 1)(x + 2)$

(3)たして−1かけて−6となる2つの整数はいくつか。

答：2と−3

かけて−6となる2つの数は1と−6、−1と6、2と−3、−2と3。たして−1となるのは2と−3である

(4)(3)を参考にして$x^2 - x - 6$を因数分解せよ。

答：$(x + 2)(x - 3)$

86　85頁の解答①3②x③$x(3a + 2b + 1)$④できない⑤a

練習問題

x^2-4を因数分解せよ。

x^2+0x-4とみることで、たして（①）、かけて（②）となる2つの整数を見つけよう。

かけて-4となる2つの整数は1と-4、-1と4、2と-2である。この中でたして0になる組み合わせは（③）と（④）である。
よって⑤$((x+2)^2 \mid (x-2)^2 \mid (x+2)(x-2))$と因数分解できるとわかる。

※別解として$(x+a)(x-a)=x^2-a^2$の展開公式を利用して因数分解してみよう。x^2-4と見比べると$a^2=4$より$a=$（⑥）を代入して、$(x+2)(x-2)$と因数分解できるとわかる。

Point
「かけ算して△になる2つの整数」は△の数の約数を考えるともれなく数えることができる。例えば、6の約数は1、2、3、6で、これを使うと、かけて6もしくは-6になる数がわかる。

小学3年・中学1年

36 等式の性質

たったこれだけ！

A＝Bの状態から両辺に同じ数をたし、ひき、かけ、わりをしても、イコールは保たれたままになる。

例 題 次の式で、イコールが保たれているかを調べよう。

(1) 3＝1＋2を3＋2＝1＋2＋2へ　答：保たれている

> 左辺・右辺がともに＝5となり、左辺＝右辺が保たれている

> 左辺・右辺ともに1となり、左辺＝右辺が保たれている

(2) 3＝1＋2を3－2＝1＋2－2へ　答：保たれている

(3) 3＝1＋2を3×3＝1×3＋2へ　答：保たれていない

> 左辺は9、右辺5となり、左辺＝右辺が保たれていない。なぜだろうか

> かけ、わりのときは、すべての数字にかける。右辺は(1＋2)×3としてもよい

(4) 3＝1＋2を3×3＝1×3＋2×3へ　答：保たれている

(5) 3＝1＋2を3÷3＝(1＋2)÷3へ　答：保たれている

> 左辺・右辺がともに1となり、左辺＝右辺が保たれている

88　87頁の解答①0②－4③24④－2(③と④は逆でもよい)⑤$(x＋2)(x－2)$⑥2(－2でもよい)

練習問題

$3x+2=8$という等式において、左辺にある＋2の項をイコールを保ったまま左辺から消してみる。

＋2を0にするには①（符号を逆にした－2｜符号が同じ＋2）を加えればよい。

この計算をすると左辺の計算式は②（$3x+2-2=3x$｜$3x+2+2=3x+4$）となる。
このとき右辺にはイコールを保つためには、③（同じ計算をする｜なにもしなくてよい）。
よって右辺の計算式は④（8｜8－2｜8＋2）となる。
左辺と右辺の計算結果をイコールでつなぐと
⑤（$3x=8$｜$3x=8+2$｜$3x=8-2$）である。

結果だけ見ると
$$3x+2=8$$
$$3x=8-2$$

と、左辺の＋2の項を右辺に－2にして移動しているように見える。このように、逆の辺に項を移す操作のことを「移項」という。

Point

移項がわからなくなったら、両辺に同じ数をたしたりひいたり、と等式の性質を利用すれば解決する。

中学 1 〜 3 年

37
方程式と解

たったこれだけ！

文字を使いイコールでつながれた式のことを方程式という。式をみたす特別な文字の値を方程式の解という。

例題

> イコールの左側の式を「左辺」、右側の式を「右辺」という。左辺と右辺の値が同じになれば、解といえる

次のxについての方程式：$3x - 2 = 4$で、$x = 1, 2, 3$が方程式の解になるかを代入することで調べよ。

$x = 1$を式の左辺に代入すると、

> xの「代」わりに値を「入」れることを「代入」という

$3x - 2 = 3 \times 1 - 2 = 3 - 2 = 1$となる。

$x = 2$を式の左辺に代入すると、
$3x - 2 = 3 \times 2 - 2 = 6 - 2 = 4$となる。

$x = 3$を式の左辺に代入すると、
$3x - 2 = 3 \times 3 - 2 = 9 - 2 = 7$となる。

答：$x = 2$が解とわかった

90 89頁の解答①符号を逆にした$-2$②$3x + 2 - 2 = 3x$③同じ計算をする④$8 - 2$⑤$3x = 8 - 2$

練習問題

次の方程式 $x-2=-x$ で $x=0, 1$ が方程式の解になるかを代入することで調べよ。

左辺に $x=0$ を代入すると $x-2=$ （①）、
右辺に $x=0$ を代入すると $-x=$ （②）となる。
よって、左辺の値＝右辺の値とならないので、$x=0$ は③（解である｜解ではない）とわかった。

左辺に $x=1$ を代入すると $x-2=$ （④）、
右辺に $x=1$ を代入すると $-x=$ （⑤）となる。
よって、左辺の値＝右辺の値となるので、$x=1$ は⑥（解である｜解ではない）とわかった。

Point
毎回値を代入して解を求めると見つからないかもしれない。確実に解を求める方法は何かを考えていこう。

中学1年

38 1次方程式

たったこれだけ！

1次方程式 $\bigcirc x + \triangle = \square x + \triangledown$ は左辺に x の項、右辺に数字を集めて、両辺に x の係数の逆数をかけて解く。

☆方程式をみたす文字（未知数）の値のことを「解」といい、方程式の解を求めることを方程式を「解く」といいます。

例題 次の x についての1次方程式を解け。

(1) $3x = 2x - 3$

左辺に x の項（○印）、右辺に数字の項（□印）を集める

両辺に $-2x$ を加えて $3x - 2x = 2x - 2x - 3$

右辺から $2x$ をなくす

答：$x = -3$

(2) $2x - 6 = 2$

左辺に x の項（○印）、右辺に数字の項（□印）を集める

両辺に6を加えて $2x - 6 + 6 = 2 + 6$

左辺から -6 をなくす

$2x = 8$

92 91頁の解答①−2②0③解ではない④−1⑤−1⑥解である

両辺に $\dfrac{1}{2}$ をかけて $2x \times \dfrac{1}{2} = 8 \times \dfrac{1}{2}$

答：$x = 4$

> xの係数2の逆数 $\dfrac{1}{2}$ をかけて
> xの係数を1にする

第2章 式の計算

練習問題

x についての1次方程式 $5x + 3 = 2x - 3$ を解け。

まず、右辺の $2x$ をなくすことを考える。両辺に
①$(2x \mid -2x)$を加えて $5x + (①) + 3 = 2x + (①) - 3$
$$3x + 3 = -3$$

次に左辺の $+3$ をなくすことを考える。両辺に②$(3 \mid -3)$を加えて $3x + 3 + (②) = -3 + (②)$
$$3x = -6$$

xの係数を③$(0 \mid 1)$にするために両辺に3の逆数である $\dfrac{1}{3}$ をかけて $3x \times \dfrac{1}{3} = -6 \times \dfrac{1}{3}$
$x = $④$(-2 \mid -3 \mid -9)$となる。

Point
1次方程式の解き方通りに式を変形していくと、式をみたす特別な値を1つ1つ代入して確かめなくても機械的に求めることができる！

93

小学3年・中学2年

39 文章題を1次方程式で解く

たったこれだけ！
言葉にだまされないよう図を書いたり、言葉のかたまりを見つけてカッコをつける部分を判断したりする。

[練習問題]

年齢が34歳のお父さんと、7歳の息子がいる。何年後にお父さんの年齢は息子の年齢の2倍になるか。

お父さんのx年後の年齢は（①）歳である。
息子のx年後の年齢は（②）歳である。

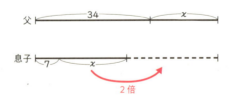

文章だけでわかりにくいときは、
図を書いて可視化することでわかりやすくなる

93頁の解答 ①−2x ②−3 ③14 ④−2

2倍を考えるのは③(xだけ｜$x+7$のかたまり）である
からカッコ④（は必要ない｜が必要になる）。

お父さんのx年後の年齢＝（息子のx年後の年齢）×2
より、

$34+x=(7+x)\times2$

$34+x=14+2x$

両辺に$-2x$を加えて、$34+x-2x=14+2x-2x$

$$34-x=14$$

両辺に-34を加えて　$34-34-x=14-34$

$$-x=-20$$

両辺の符号を逆にすることで、$x=$（⑤）となる。

よって、（⑤）年後にお父さんの年齢が息子の2倍にな
ることがわかった。

Point
一見、勉強にしか使わなそうな算数・
数学は、実は日々の暮らしに応用でき
る。「これは算数・数学でできないか？」
と考えるクセをつけよう。

第2章

式の計算

中学2・3年

40 連立方程式（加減法）

たったこれだけ！

2つの式の両辺を何倍かして係数をそろえて1文字消去。1次方程式を2つ解いて解を得る。

☆連立方程式は「連」なって成「立」する方程式のこと。両方の式をみたす特別な値の組が解となる。加減法では2つの式を「○x＋△y＝数字」の語順に整えることが準備の式変形になる。

例 題

(1)次の式を「○x＋△y＝数字」の語順に直せ。

$3x + 1 = 2y$ ◀ 1と2yが語順通りになっていない。

両辺に－2yを加えて $3x + 1 - 2y = 2y - 2y$

$$3x + 1 - 2y = 0$$

両辺に－1を加えて $3x + 1 - 1 - 2y = 0 - 1$

答：$3x - 2y = -1$ ◀ 「○x＋△y＝数字」の語順になった。

96　94〜95頁の解答①34＋x②7＋x③x＋7のかたまり④が必要になる⑤20

(2) $\begin{cases} x+2y=5\cdots\text{①} \\ \quad\quad y=1\cdots\text{②} \end{cases}$ の連立方程式を解け。

②の $y=1$ を①の y に代入して

> すでに y の値がすでに求めてあるので、あとは x の値を求める

$x+2\times1=5\rightarrow x+2=5$

両辺に -2 を加えて $x+2-2=5-2\rightarrow x=3$

> ここからは x についての1次方程式を解く

答：$x=3$、$y=1$

(3) 次の x と y についての連立方程式を加減法で解け。

$\begin{cases} x+2y=2\cdots\text{①} \\ x+3y=4\cdots\text{②} \end{cases}$

「○x＋△y＝数字」の順になっていて、さらに x の係数がそろっているので、左辺どうし、右辺どうしで①－②をつくると、

$\begin{array}{r} x+2y=2\cdots\text{①} \\ -)\ x+3y=4\cdots\text{②} \\ \hline -y=-2\rightarrow y=2 \end{array}$

> y についての1次方程式を解く。両辺の符号を逆にする

$y=2$ を①の y に代入すると、

> y を代入すると、x についての1次方程式になるので、それを解く

$x+2\times2=2\rightarrow x+4-4=2-4\rightarrow x=-2$

よって、答：$x=-2$、$y=2$

> $x+4=2$ の左辺から $+4$ をなくすために、両方に -4 を加えた

第2章

式の計算

97

練 習 問 題

次のxとyについての連立方程式を加減法で解け。

$$\begin{cases} 3x + 2y = 5 \cdots ❶ \\ 2x + 3y = 5 \cdots ❷ \end{cases}$$

xの係数を6にそろえて加減法で解いていく。

❶に（①）をかけて
$(3x + 2y) \times (①) = 5 \times (①)$

展開をして
$3x \times (①) + 2y \times (①) = 5 \times (①) \rightarrow 6x + 4y = 10 \cdots ❸$

❷に（②）をかけて
$(2x + 3y) \times (②) = 5 \times (②)$

展開をして
$2x \times (②) + 3y \times (②) = 5 \times (②) \rightarrow 6x + 9y = 15 \cdots ❹$

xの係数が6にそろっているので、左辺どうし、右辺どうしで❸−❹をつくる。

$$\begin{array}{r} 6x + 4y = 10 \cdots ❸ \\ -)\,6x + 9y = 15 \cdots ❹ \\ \hline 4y - 9y = 10 - 15 \end{array}$$

左辺と右辺をそれぞれ計算をすると$-（③）y = -（④）$

両辺に -1 をかけて符号を逆にして $5y = 5$

両辺に係数の逆数である $\dfrac{1}{(⑤)}$ をかけて y の係数を1にする。

$5y \times \dfrac{1}{5} = 5 \times \dfrac{1}{5}$ よって、$y = (⑥)$ である。

この y の値を ❶ の y に代入すると、

$3x + 2 \times 1 = 5$

$\quad 3x + 2 = 5$ となる。

左辺の $+2$ を消すために両辺に -2 を加えて、

$3x + 2 - 2 = 5 - 2$ を計算すると

$\qquad 3x = 3$ となる。

両辺に係数の逆数である $\dfrac{1}{(⑦)}$ をかけて x の係数を1にする。$3x \times \dfrac{1}{3} = 3 \times \dfrac{1}{3}$ よって $x = (⑧)$

以上より、$x = (⑧)$、$y = (⑥)$

Point

1次の連立方程式も、1つの文字を消すことができればただの1次方程式になる。難しいこともこれまでにやったことが活きる形に持っていくことが大事。

第2章 式の計算

中学3年

41

2次方程式（平方根型）

たったこれだけ！

2次方程式 $x^2 =$ 数字型は、x は数字の
平方根であるので、左辺を x、右辺に
$\pm\sqrt{}$ をかぶせて $x = \pm\sqrt{\text{数字}}$ と解く。

平方根については（P.66）を参照。

例題

(1)「$x^2 =$ 数字」型のものはどれか。

① $x = 2$　　② $x^2 = 2x$　　③ $x^2 = 7$

答：③　①は1次、②は右辺が数字に
なっていない

(2) 2次方程式 $x^2 = 3$ を解け。

答：$x = \pm\sqrt{3}$　　1次の項がないので、
$x^2 =$ 数字型とわかる

(3) $x^2 - 8 = 0$ を解け。

両辺に8を加えて

$x^2 - 8 + 8 = 0 + 8 \rightarrow x^2 = 8$　　左辺の数字をなくして
右辺にまとめる

$x = \pm\sqrt{8} = \pm\sqrt{2 \times 2 \times 2} = \pm 2\sqrt{2}$

$\sqrt{8}$ を答えにしないように

100　98〜99頁の解答①2②3③5④5⑤5⑥1⑦3⑧1

練習問題

2次方程式を $2x^2 = 1$ を解け。

まず、$x^2 =$ 数字の形にするために x^2 の係数を
①(0｜1｜2)にする。

両辺に2の逆数の $\dfrac{1}{(②)}$ をかけて

$2x^2 \times \dfrac{1}{2} = 1 \times \dfrac{1}{2}$　$x^2 = \dfrac{1}{2}$

よって、$x = \pm \dfrac{1}{③(2｜\sqrt{2})}$

分母の有理化をして

$x = \pm \dfrac{1}{\sqrt{2}} \times \dfrac{\sqrt{(⑤)}}{\sqrt{(④)}} = \pm \dfrac{\sqrt{(⑥)}}{2}$

分母の有理化について
はP.69を参照。

Point

「$x^2 =$ 数字」型は x^2 の係数を1にする
ところは、1次方程式の考え方、±
$\sqrt{}$ をかぶせるところは平方根の考え
方が役に立つ。

第2章 式の計算

[中学3年]

42

2次方程式（$x^2+\square x=0$型）

たったこれだけ！

2次方程式 $x^2+\square x=0$ 型は x でくくり、
$x(x+\square)=0$ として、$x=0$ または
$x+\square=0 \rightarrow x=-\square$ と解く。

☆**A×B＝0はどちらかが0になっていれば式が成り立つので A＝0またはB＝0となる。**

例題

(1) $x^2+\square x=0$ 型のものはどれか。すべて答えよ。

① $x^2-2=0$　　② $x^2-2x=0$　　③ $x^2+4x=0$

答：②と③

> ①には1次の項がない。②は $\square=-2$
> ③は $\square=4$ である

(2) 2次方程式 $x^2-2x=0$ を解け。

$x(x-2)=0$ よって $x=0$ または $x-2=0$

> どちらかが0になればよい

答：$x=0$ または $x=2$

(3) 2次方程式 $x^2+3x=0$ を解け。

$x(x+3)=0$ よって $x=0$ または $x+3=0$

> どちらかが0になればよい

答：$x=0$ または $x=-3$

102　101頁の解答①1②23√2④42⑤26②2

練習問題

xについての2次方程式 $x^2 + 5x = 0$ を解け。

$x^2 + 5x = 0$ は $x \times x + 5 \times x = 0$ ということだから、
①(x | 5)でくくって、$x(x + (②)) = 0$ となる。

ここで、両辺を x でわって、$x + 5 = 0$ としてよいのだろうか。$x = 0$は解に(③なる | ならない)のだから、両辺をxでわって(④よい | はいけない)ので注意しよう。

☆どんなときも0でわってはいけない。xでわると、$x = 0$の解を見落とすことにつながる。

両辺を x でわらずに解くと、
$x(x + 5) = 0$ より、$x = 0$ または $x + 5 = 0$
つまり $x = 0$ または $x = (⑤)$ となる。

Point
方程式をかけ算＝0のかたちに変形し、それぞれのかけ算のパーツ＝0とすると、あとは1次方程式を解けば解を求めることができる。

第2章　式の計算

中学3年

43 2次方程式（$x^2+○x+△=0$型）

たったこれだけ！

$x^2+○x+△=0$型は、左辺を因数分解し$(x+数_1)(x+数_2)=0$の左辺もしくは右辺＝0を解く。

例題

(1)2次方程式 $x^2+3x+2=0$ を解け。

たして3、かけて2となる2つの整数は1と2より、

$(x+1)(x+2)=0$

> どちらかが0になればよい

> かけて2となる2つの整数は1と2、－1と－2。たして3となるのは1と2である

よって $x+1=0$、または $x+2=0$

答：$x=-1$ または $x=-2$

> たして3、かけて2となる2つの整数とは符号が逆になるので注意

(2)2次方程式 $x^2-2x-3=0$ を解け。

たして－2 かけて－3 となる2つの整数は1と－3より、

$(x+1)(x-3)=0$

> どちらかが0になればよい

> かけて－3となる2つの整数は1と－3、－1と3。たして－2となるのは1と－3である

104　103頁の解答①x②5③なる④はいけない⑤－5

よって $x+1=0$ または $x-3=0$

答: $x=-1$ または $x=3$

たして-2、かけて-3となる2つの整数とは符号が逆になるので注意

練習問題

x についての2次方程式 $x^2+x-6=0$ を解け。

たして（①）、かけて（②）となる2つの整数を見つけよう。

かけて（②）になる整数は1と-6、-1と6、2と-3、-2と3がある。よって求めたい2つの整数は（③）と（④）となることがわかる。

左辺を因数分解すると $(x-2)(x+3)=0$ となる。

よって、$x-2=0$ または $x+3=0$ となるので
$x=$⑤$(2\,|\,-2)$ または $x=$⑥$(3\,|\,-3)$ となる。

Point

やり方が複雑なものは、全体像が大事になる。＝0へ→たして○かけて△の2つの整数をみつける→左辺を因数分解→それぞれのパーツ＝0→1次方程式を解く、の全体像をつかんでから細部に入っていこう。

第2章　式の計算

105

中学3年

44
2次方程式「解の公式」

たったこれだけ！

$ax^2+bx+c=0$ の解は、解の公式
$x=\dfrac{-b\pm\sqrt{b^2-4ac}}{2a}$ で求めることができる。

例題

(1) $2x^2+3x-1=0$ を解の公式で解きたい。代入するときの公式の a、b、c はいくつになるか。

答：$a=2$、$b=3$、$c=-1$

> aは2次の係数、bは1次の係数、cは定数項の値を指している

(2) $2x^2+3x-1=0$ を解の公式で解け。

$x=\dfrac{-3\pm\sqrt{3^2-4\times2\times(-1)}}{2\times2}=\dfrac{-3\pm\sqrt{9+8}}{4}=\dfrac{-3\pm\sqrt{17}}{4}$

答：$x=\dfrac{-3\pm\sqrt{17}}{4}$

練習問題

(1) 2次方程式 $x^2-5x+6=0$ を、解の公式で解け。

公式の $a=$（①）、$b=$（②）、$c=$（③）であるので、

106　105頁の解答①1②-6③-2④3（③と④は逆でもよい）⑤2⑥-3

$$x = \frac{-(-5) \pm \sqrt{(-5)^2 - 4 \times 1 \times 6}}{2 \times 1} = \frac{5 \pm \sqrt{25 - 24}}{2}$$

$$= \frac{5 \pm \sqrt{1}}{2} = \frac{5 \pm 1}{2}$$

これをこのまま解にして④（よい｜はいけない）。

$x = \frac{5 + 1}{2} = （⑤）$ または $x = \frac{5 - 1}{2} = （⑥）$ となる。

(2) 2次方程式 $2x^2 - 2x - 1 = 0$ を解の公式で解け。

公式に $a = 2$、$b = -2$、$c = -1$ を代入して
$$x = \frac{-(-2) \pm \sqrt{(-2)^2 - 4 \times 2 \times (-1)}}{2 \times 2} = \frac{2 \pm \sqrt{4 - (-8)}}{4}$$

$$= \frac{2 \pm \sqrt{12}}{4}$$

これを解にして⑦（よい｜はいけない）。

$\sqrt{12} = \sqrt{2 \times 2 \times 3} = 2\sqrt{3}$ より、$x = \frac{2 \pm 2\sqrt{3}}{4}$

これを解にして⑧（よい｜はいけない）。

約分をして⑨$(x = \frac{1 \pm 2\sqrt{3}}{2} \mid x = \frac{1 \pm \sqrt{3}}{2})$ となる。

Point

解の公式は「にえーぶんの　まいなす
びー　ぷらすまいなす　るーと　びー
のにじょう　まいなすよんえーしー」
と唱えることができるようにしよう。

第2章 式の計算

第 3 章

図形

小学4年

45 正方形・長方形の面積

たったこれだけ！

面積は縦と横の長さをかけるだけ。
$1cm^2$の正方形のタイルの枚数と言い換えるのも有効。

☆面積の単位は、縦のcmと横のcmと2つのcmをかけたcm^2（平方センチメートル）になることにも注目。

例題 縦が3cm横が4cmの長方形には$1cm^2$の正方形のタイルを何枚敷きつめることができるか。またそのことから面積は何cm^2になるか

たてに3枚ずつタイルがある

3cm

4cm

3枚のタイルが4列ある

まず、公式を使うと、面積＝3×4=$12cm^2$である。次に縦に3枚ずつのタイルが4列（横に4枚ずつのタイ

ルが3列)あることから、全部で12枚敷きつめること
ができ、1枚が$1cm^2$なので面積は$12cm^2$と求めるこ
ともできる。

練習問題

$1cm^2$の正方形のタイルを使ってできている下図の色
がついている部分の面積を考える。この面積を1度に
求める公式は①(ある | ない)

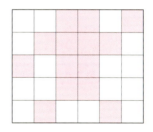

公式にこだわらず、手を使ってタイルの枚数を考え
ることで求める面積は(②)cm^2とわかる。

Point
当たり前と思っていることがどういっ
た意味を持っているのかを考えると、
新しい意味が見えてくることがある。

小学5年・中学2年

46 三角形の面積

たったこれだけ！

三角形の面積＝底辺×高さ÷2。垂直に注目して底辺と高さを決める。

例題 下図三角形①、②、③で面積の大きさは①＞②＞③であるといえるか。

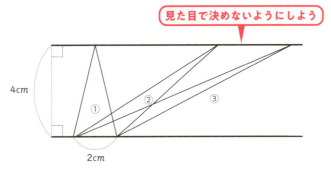

見た目で決めないようにしよう

平行線の高さはどこでも同じ（P.140参照）ことを利用すると、3つの三角形全ての底辺＝2cm、高さ＝4cmであり、面積＝2×4÷2＝8÷2＝4cm^{2}となる。
よって、全て同じ面積なので①＝②＝③であり、

①＞②＞③とは言えない。見た目にだまされず、数字を使って確実に判断しよう。

練習問題

次の三角形の面積は何cm^2になるか求めよ。

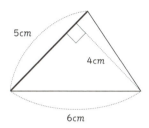

頂点から垂線を引いている部分が高さなので、高さは（①）cmとわかる。高さに垂直な辺に注目すると底辺は②（6cm｜5cm）とわかる。
三角形の面積＝底辺×高さ÷2＝5×4÷2
＝（③）cm^2となる。

Point

三角形の底辺は横の線とは限らない。先に高さを見つけて垂直の辺に着目すると、底辺を楽に発見できる。

小学5年

47 平行四辺形・台形の面積

> **たったこれだけ！**
> 平行四辺形の面積＝底辺×高さ、台形の面積＝（上底＋下底）×高さ÷2。公式を忘れたら三角形に分割する。

例題 平行四辺形ABCDの面積を三角形にわけて求めよ。

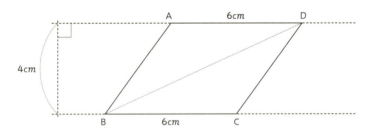

平行四辺形ABCDの面積は、補助線BDを引くことで
平行四辺形ABCD＝三角形ABD＋三角形DBC
＝6×4÷2＋6×4÷2

三角形の面積＝底辺×高さ÷2

＝24÷2＋24÷2＝12＋12＝24cm²

平行四辺形の面積
＝底辺×高さ
＝6×4＝24cm²でも
求めることができる

114　113頁の解答①4　②5cm　②10（5×4÷2＝20÷2＝10）

[練習問題]

台形ABCDの面積を2通りで求めよ。

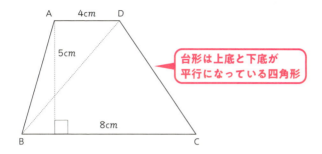

1）公式を使って
面積＝(上底＋下底)×高さ÷2＝（①）×5÷2＝（②）cm^2

2）三角形に分割して
三角形BDAの面積＝4×5÷2＝（③）cm^2
三角形DBCの面積＝8×5÷2＝（④）cm^2
よって、台形ABCDの面積＝（③）＋（④）＝（⑤）cm^2となり、公式と同じ値になることもわかった。

Point
台形の面積公式を、上底×高さ÷2＋下底×高さ÷2とみることでも、2つの三角形の面積の和であることがわかる。

小学5年

48 立方体・直方体の体積

たったこれだけ！

立方体はサイコロ型、直方体は千両箱型。公式は体積＝縦×横×高さ。立体の体積の単位はcm^3など。

例題

(1) 次の直方体の体積を求めよ。

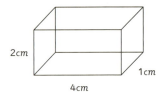

直方体の体積＝縦×横×高さ
＝$1×4×2=8cm^3$

(2) 次の立方体の体積を求めよ。

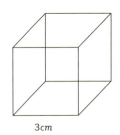

立方体の体積＝縦×横×高さ
＝3×3×3＝9×3
＝$27cm^3$

立方体なので縦・横・高さがすべて同じ長さ

練習問題

直方体から、立方体を切り抜いた次の体積を求めよう。

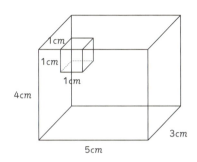

直方体の体積＝縦×横×高さ＝３×５×４＝（①）

切り抜く立方体の体積＝（②）×（②）×（②）＝（③）
よって、求める体積＝（①）－（③）＝（④）となり、
単位は⑤（cm^2 ｜ cm^3）である。

Point

面積は２次元で２回かけるので単位は cm^2 など右上に２をつける。
体積は３次元で３回かけるので単位は cm^3 など右上に３をつけると理解しておこう。

小学6年

49 「柱（ちゅう）」の体積

たったこれだけ！

公式は体積＝底面積×高さ。「柱」は底面を垂直に積み重ねた立体。三角柱・四角柱・円柱などがある。

例題 （1）次の三角柱の体積を求めよ。

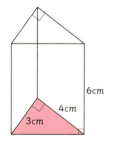

三角柱の体積＝底面積×高さ
　　　　　　＝3×4÷2×6

底面積が直角三角形＝底辺×高さ÷2

　　　　　　＝12÷2×6
　　　　　　＝6×6＝36cm^3

（2）底面が台形である次の四角柱の体積を求めよ。

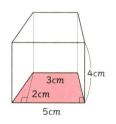

四角柱の体積＝底面積×高さ
　　　　　　＝(3＋5)×2÷2×4
　　　　　　＝8×2÷2×4
　　　　　　＝32cm^3

底面積は台形
（上底＋下底）×高さ÷2

[練習問題]

次の円柱の体積を求めよう。円周率はπとする。

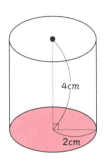

円柱の体積＝底面積×高さ
である。まず底面積は円の面積
の公式＝π×半径×半径より

底面積＝（①）×（②）×（②）
＝（③）π
よって、
求める円柱の体積
＝（③）π×4＝（④）πcm^3
となる。

πは計算の最後には数字の
うしろにつけたかたちにする

円周率π＝3.14として、これを使うのであれば16π＝50.24となる。
問題の指示でどちらを使うかを決めよう

Point
底面積を求めるときには、底面の形に
合わせて面積の公式を使っていこう。

小学6年

50 「錐（すい）」の体積

> **たったこれだけ！**
> 「錐」は底面を1つの頂点に集めた立体。公式は、体積＝底面積×高さ÷3。三角錐・四角錐・円錐などがある。

例題 次の三角錐の体積を求めよ。

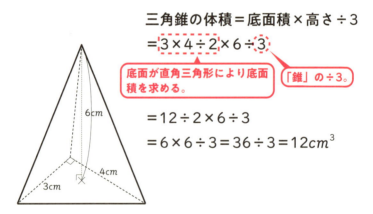

三角錐の体積＝底面積×高さ÷3
＝ $3×4÷2×6÷3$

底面が直角三角形により底面積を求める。

「錐」の÷3。

＝$12÷2×6÷3$
＝$6×6÷3＝36÷3＝12cm^3$

練習問題

次の円錐の体積を求めよ。円周率はπとする。

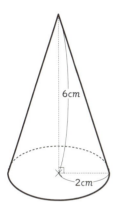

円錐の体積＝底面積×高さ÷3である。底面積は円の面積の公式＝π×半径×半径を使って、

底面積＝π×2×2＝(①)π

よって、求める円錐の体積は、
体積＝底面積×高さ÷3
＝(①)π×6÷(②)＝(③)$\pi\,cm^3$
となる。

Point
三角形は2次元をイメージして÷2、錐は3次元をイメージして÷3をする、としてわる数の数字を忘れないようにしよう。

小学6年

51 円の周の長さと面積

たったこれだけ！

円周の長さは2π×半径、またはπ×直径。面積はπ×半径×半径。半径の2倍が直径でπは約3.14。

例題 (1)次の円の円周の長さと面積を求めよう。円周率はπとする。

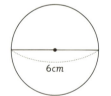

半径＝直径÷2＝6÷2＝3

円周の長さ＝2π×半径
　　　　　＝2π×3＝6π cm

円の面積＝π×半径×半径
　　　　＝π×3×3＝9π cm²

π×直径で計算すると円周＝π×6＝6π cmとなる

(2)円の面積と色つき部の面積のどちらの面積が大きいか。

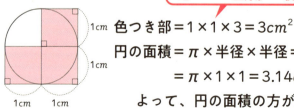

1辺が1cmの正方形が3枚

色つき部＝1×1×3＝3 cm²

円の面積＝π×半径×半径＝
　　　　＝π×1×1＝3.14 cm²

よって、円の面積の方が大きい。

[練習問題]

下図のようにロープで円を作る。外側のロープから内側のロープの長さを引くと、どちらが長くなるか。もしくは同じになるのか。円周率はπとする。

その1　　　　　　　　その2

(その1の図)
大きい円周 − 小さい円周 = $2\pi \times 101 - 2\pi \times 100$
　　　　　　　　　　　 = $202\pi - 200\pi$ = (①)πm

(その2の図)
大きい円周 − 小さい円周 = $2\pi \times$ (②) $- 2\pi \times$ (③)
　　　　　　　　　　　 = (④)πm

よって、⑤(その1の方が長い｜その2の方が長い｜同じ長さ)であることがわかる。

Point
大小関係などでは、見た目の主観で判断するのではなく、数字で客観的に判断していこう。

[中学1年]

52 円の弧の長さと扇型の面積

たったこれだけ！

弧は円周の一部。弧の長さ＝円周×割合。
扇型は弧の両端と中心を結んだ図形。
面積＝円の面積×割合。

例題 例題：次の図の円の弧の長さと扇型の面積を求めよう。円周率はπとする。

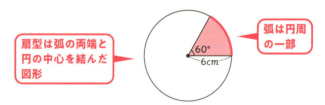

まず、弧と扇型の円に対する割合は
円の中心角が360°より

割合 ＝ $\dfrac{部分}{全体}$ ＝ $\dfrac{扇型の中心角}{円全体の中心角}$ ＝ $\dfrac{60°}{360°}$ ＝ $\dfrac{1}{6}$

弧の長さ
＝円周×割合＝2π×半径×$\dfrac{扇型の中心角}{360°}$

（円周＝2π×半径）

＝$2\pi \times 6 \times \dfrac{60°}{360°}$ ＝ $12\pi \times \dfrac{1}{6}$ ＝ $2\pi\,cm$

扇型の面積 = 円の面積 × 割合
= $\boxed{π × 半径 × 半径}$ × $\boxed{\dfrac{60°}{360°}}$
= $π × 6 × 6 × \dfrac{1}{6} = 6π \, cm^2$

円の面積 = π × 半径 × 半径

この割合は 弧の割合 = $\dfrac{弧の長さ}{円周の長さ}$ = $\dfrac{2π}{12π}$ = $\dfrac{1}{6}$ と同じ値

練習問題

下図は半径4cmの円である。色がついている部分の面積を求めよう。

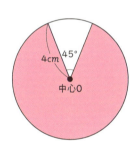

まず、この図形は扇型と
①（いえる ｜ いえない）。

中心角は②（45° ｜ 315°）

色つき部の面積 = 扇型の面積
= 円の面積 × 割合

= $π × 4 × 4 × \dfrac{(②)}{③(360° ｜ 315°)}$

= $16π × \dfrac{7}{8} = (④) π \, cm^2$

Point
扇型で使う割合の $\dfrac{部分}{全体}$ は、角度の $\dfrac{中心角}{360°}$ だけではなく、$\dfrac{弧の長さ}{円周}$ もしくは $\dfrac{扇型の面積}{円の面積}$ からも作ることができる。

第3章 図形

小学6年

53 線対称・点対称の図形

たったこれだけ！

線対称の図は、ある直線で折り返すと重なる図。点対称の図はある点を中心に180°回転すると重なる図。

例題 (1)線対称の図をかけ。

①対称軸
（折り返しの線）を書く

②軸上の点から同じ距離の点をつくる

対称軸が垂直2等分線になるようにする

③②の点を結ぶ

軸で折り返すとピッタリ重なる線対称の図形がかけた

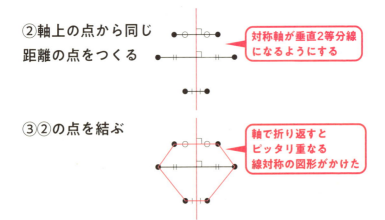

(2)点対称の図をかけ。

①中心となる点をつくる

②①が真ん中となる線分をつくる

対象の中心が線分の中点になるように

③②の端の点を結ぶ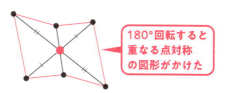

180°回転すると重なる点対称の図形がかけた

[練習問題]

次の図の中から①線対称ではあるが、点対称ではない図②点対称の図③線対称かつ点対称の図を選べ。

❶
発電所等

❷
郵便局

❸
税務署

Point
線対称・点対称の図形は、地図記号・文字・建築物の写真など身近にたくさんある。

中学3年

54 直角三角形と三平方の定理

たったこれだけ！

直角三角形の三平方の定理は、
「斜辺の2乗＝他の2辺の2乗の和」。
この式が成り立つ三角形は直角三角形。

例題 (1) ABの長さを求めよ。

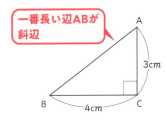

一番長い辺ABが斜辺

三平方の定理により、
$AB^2 = BC^2 + CA^2$
$AB^2 = 4^2 + 3^2$
$AB^2 = 16 + 9 = 25$
よってAB $= \pm\sqrt{25} = \pm 5$
AB > 0 より、AB $= 5cm$

ルートについてはP.66

(2) CAの長さを求めよ。

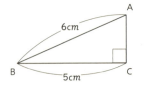

三平方の定理により、
$AB^2 = BC^2 + CA^2$
$6^2 = 5^2 + CA^2$

128　127頁の解答　①❷　②❶　③❸

$CA^2 = 6^2 - 5^2 = 36 - 25 = 11$　$CA = \pm\sqrt{11}$
$CA > 0$ より $CA = \sqrt{11}\,cm$

[練習問題]

次の三角形は直角三角形といえるか。

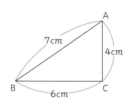

直角三角形であれば三平方の定理が成り立つ。斜辺は、一番長い辺①（AB｜BC｜CA）である。この辺の2乗が他の辺の2乗の和と同じになれば、三平方の定理が成立していることになる。

それぞれ計算すると、
$AB^2 = 49$　$BC^2 + CA^2 = 6^2 + 4^2 = 36 + 16 = 52$
となる。よって、$AB^2 = BC^2 + CA^2$ が成立②（している｜していない）。
以上より三角形ABCは直角三角形③（である｜ではない）とわかる。

Point
直角三角形では、三平方の定理が成り立つので2つの辺の長さがわかれば、残りの1辺の長さを求めることができる。

中学3年

55 三平方の定理と三角定規

たったこれだけ！

三角定規で30°・60°・90°の辺の比は1:2:$\sqrt{3}$。
45°・45°・90°の辺の比は1:1:$\sqrt{2}$。

例題 （1）次の直角三角形のABとBCの長さを求めよ。

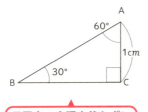

三平方の定理を使わずに辺の長さがわかる

三角形ABCは30°・60°・90°の三角定規の形なので、辺の比がAC:AB:BC＝1:2:$\sqrt{3}$ となる。

$\sqrt{3}$＜2より斜辺ABの比は2になることにも注意

AC＝1cmより、
AB＝2cm　BC＝$\sqrt{3}$cm
とわかる。

(2)次の45°・45°・90°の直角三角形で三平方の定理が成り立つかを調べよ。

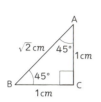

$AB^2 = \sqrt{2}^2 = 2$　$BC^2 = 1^2 = 1$
$CA^2 = 1^2 = 1$　よって
$AB^2 = BC^2 + CA^2$といえるので
三平方の定理が形が成り立っていることがわかる。

[練 習 問 題]

30°・60°・90°の三角定規の辺の長さは次の図のようになるか考えよ。

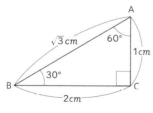

辺の比は$1:2:\sqrt{3}$。
図の斜辺は一番長いABのはずである。
2と$\sqrt{3}$では①（2 | $\sqrt{3}$）の方が大きいので、この図は
②（正しい | 正しくない）。

Point

三角定規の直角三角形は、1つの辺の長さがわかれば、他の2辺の長さもわかる「特別」な直角三角形である。

小学5年・中学2年

56 合同の三角形

たったこれだけ！

合同の三角形は重ねると同じになる三角形。合同条件は、三辺相等、二辺夾角相等、二角夾辺相等。

★三角形の合同条件は、「辺と角度の条件が合計3つ」と覚えておくと思い出しやすくなる。そして、合同条件とは「三角形のかたちを1つに決めることのできる条件」ということでもある。

①三辺相等…3組の辺がそれぞれ等しい

例えば、辺の長さが7cm, 4cm, 5cmの三角形は、7cmの辺を底辺と考えて、半径が4cmと5cmの円をかいてみると、条件通りの三角形は1つに決まることがわかる。

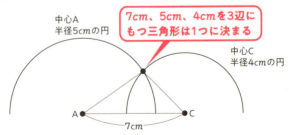

②二辺夾角相等…2組の辺とその間の角がそれぞれ等しい

「夾」とは「はさむ」という意味である。例えば、2つの辺を3cmと5cmとして、その間の角が45°とする。点Cを円に沿ってAB上の点から動かしていき45°のところで止めると、三角形が1つに決まることがわかる。

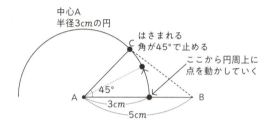

③二角夾辺相等…1組の辺とその両端の角がそれぞれ等しい

例えば、底辺を3cmにして、両端の角を30°と45°にして辺を伸ばしてかいていく。そうすると、三角形は1つに決まることがわかる。

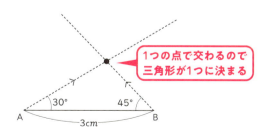

2つの図形が合同であることは「≡」の記号で表す。それぞれの点と点を重ねると、図形が重なる順で点を表す。

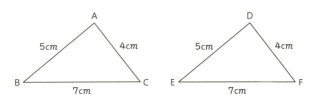

重なる順を意識して、△ABC≡△DEF　と表す。

例 題　合同の図形を発見しよう。

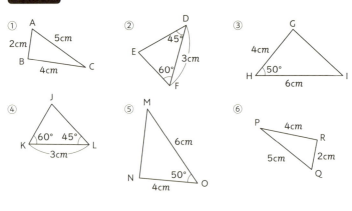

①と⑥⇒三辺相等　　　　　
②と④⇒二角夾辺相等
③と⑤⇒二辺夾角相等

[練習問題]

次の三角形が合同条件を満たしていないことを確かめよう。

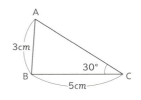

合同条件を満たすならば三角形は（①）つに決まるはずである。

BC=5cmと∠BCA=30°にして、BAが3cmになるように点Bを中心に半径3cmの円をかく。

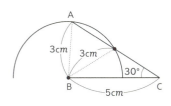

すると、左図のようになり、条件を満たす点が②（1つ｜2つ）あることになる。

よって、合同条件が成立して③（いる｜いない）とわかる。

Point

合同条件を覚えるだけではなく、コンパス・分度器・定規を使って図を描いて確かめることで実感していこう。

小学6年・中学3年

57 拡大・縮小・相似の三角形

たったこれだけ！

拡大・縮小した図形は相似になる。三角形の相似条件は、三辺比相等、二辺比夾角相等、二角相等の3つ。

相似の三角形は、かたちが同じで大きさの異なる三角形のこと。相似条件は、合同条件をイメージして、辺の長さを辺の比と言い換えると憶えやすい。辺が1つのときには、比を考える必要がないので、角度だけの条件になる。

①三辺比相等…3組の辺の比がすべて等しい
例えば、下の図では3辺それぞれの辺の比が1：2となるので相似の三角形になる。三角形ABCを2倍に拡大すると三角形DEFになっていることもわかる。

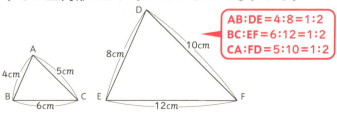

②二辺比夾角相等…2組の辺の比とその間の角がそれぞれ等しい

例えば、2つの辺を3cmと5cmとして、その間の角が45°の三角形に対して、2辺が9cmと15cmでその間の角が45°の三角形を作ると△DEFは△ABCを3倍に拡大した相似の三角形になる。

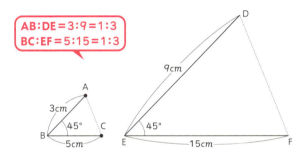

③二角相等…2組の角がそれぞれ等しい

例えば、底辺を6cmにして、両端の角を30°と45°にした三角形に対して、底辺を3cmにして両端の角を30°と45°にすると、△DEFは△ABCを$\frac{1}{2}$倍に縮小した三角形になる。

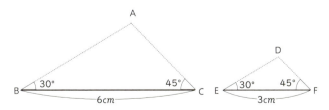

2つの図形が相似であることを「∽」の記号で表す。合同の時と同じように、点の順番は対応を意識して表そう。

これまでの例はすべて△ABC∽△DEF となっている。対応する順になっていることを確認しておこう。

例題 AC//DEであるとき、△ABC∽△DBEであることを示そう。

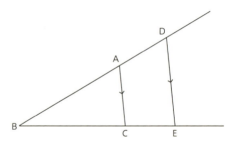

平行線の同位角は等しいので
∠CAB＝∠EDB …①
∠BCA＝∠BED …②
①②より2組の角がそれぞれ等しいので、
△ABC∽△DBEといえる。

> ∠ABCと∠DBEが共通する角より、∠ABC＝∠DBCを使ってもよい

練習問題

△ABC∽△DEFのときDEの長さを求めよう。

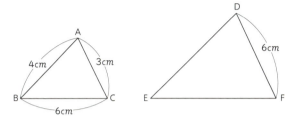

対応する辺であるCAとFDに注目すると相似比はCA：FD＝3：6＝1：2である。対応する辺の比は①（等しい｜等しくない）ので、AB：DE＝4：DE＝②（2：1｜1：2）。
よって、内項の積＝外項の積、を用いて
DE×1＝4×2が成り立ち、
DE＝③（2｜3｜8｜12）cm

P.190参照

Point
相似の三角形で同じ角度を見つけるときに、平行線に注目すると見つけやすい。同位角、錯角が等しくなることを使いこなしていこう。

中学2年

58 平行線と角度

たったこれだけ！

平行線は、どこでも高さは同じ。平行線を横切る直線と作られる同位角、錯角は同じ値になる。

☆平行線どうしはどこまで伸ばしても交わらない、という定義がある。

1) 2直線で作られる相向かいの角を「対頂角」といい、対頂角は等しくなる。

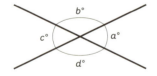

よって$a°=c°$、$b°=d°$である。

2) 平行線の距離はどこでも同じ。

逆に高さがどこでも同じであれば平行線とわかる

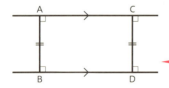

AB＝CDとなる。

平行線の距離は平行線に垂直に交わる線分の長さになる

139頁の解答　①等しい　②1：2　③8

3) 2直線に対してその2直線に交わるもう1つの直線で作られる8つの領域を考えるとき、同じ位置関係にある角を「同位角」、同位角の対頂角を「錯角」という。

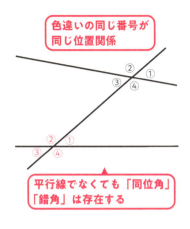

同じ番号が「同位角」
①と①、②と②
③と③、④と④
同位角の対頂角が「錯角」
①と③、②と④
③と①、④と②

☆平行線の「同位角」と「錯角」は等しくなる。

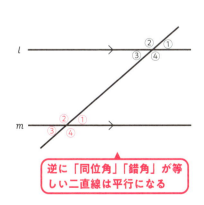

平行線であれば
「同位角」は等しい
①＝①、②＝②
③＝③、④＝④
「錯角」も等しい
①＝③、②＝④
③＝①、④＝②

例題 (1) 直線 l と直線 m が平行とする。x はいくつになるか求めよ。

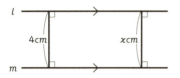

平行な2直線の距離はどこでも同じになるので $x=4$ である。

(2) 角⑧の対頂角、同位角、錯角はどの角か。

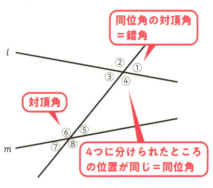

対頂角は相向かいの角なので角⑥。
同位角は直線 l の交わったところで、⑧と同じ位置関係の角④。
錯角は 同位角の対頂角なので角②。

(3) 直線 l と直線 m が平行とする。x はいくつか。

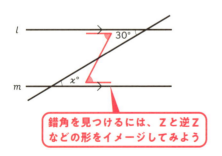

$30°$ と $x°$ は平行線の錯角の関係にある。平行線の錯角は同じになるので $x=30$ である。

[練習問題]

次の図の直線lと直線mは平行であるといえるか。

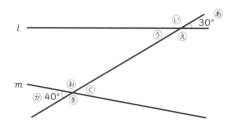

まず「あ」の角と「か」の角は①(同位角 | 錯角)である。

直線lと直線mが平行ならば、①の角は②(等しくなる | 等しいとは限らない)。

「あ」の角度と「か」の角度は今回③(等しい | 等しくない)ので、直線lと直線mは平行④(である | ではない)とわかる。

Point

平行と角の関係、そして、平行線の距離は、面積、相似の三角形を見つける際にとても役立つことになるので、しっかりと理解しておこう。

小学6年・中学1～3年

59 座標と座標平面

> **たったこれだけ！**
> xy平面において、点(a, b)とはx座標がa、y座標がbの点である。2つの値で1つの点の位置を表す。

例題 (1) $(2, 1)$を表す点、$(1, -3)$を表す点は点A～点Iのうちのどの点になるか。

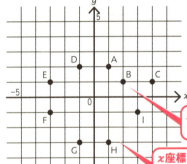

$(2, 1)$は点Bである。
$(1, -3)$は点Hである。

x座標(横の値)が2、y座標(たての値)が1の点をみつける

x座標(横の値)が1、y座標(たての値)が-3の点をみつける

ちなみに、他の点は、
点Aは$(1, 2)$、点Cは$(4, 1)$、点Dは$(-1, 2)$、
点Eは$(-3, 1)$、点Fは$(-3, -1)$、点Gは$(-1, -3)$、
点Iは$(3, -1)$である。

練習問題

(1) xy平面では横軸は①(x軸｜y軸)となり、たて軸は②(x軸｜y軸)となる。x軸とy軸の交わった点は③(始点｜原点)という。xy平面で$x=1$は④(点｜直線)を表す。なぜなら、$(1,-1)$、$(1,0)$、$(1,1)$、$(1,2)$の4点は全て$x=1$を⑤(みたしており｜みたしておらず)、これらの点をつなぎあわせると直線になるからである。

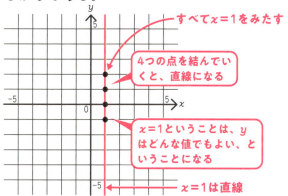

(2) $y=ax$の式に点$(1,2)$を代入すると、$1=a\times 2$と⑥(なる｜ならない)。

> 座標の左側の値を$y=ax$の左にある文字のyの値になると勘違いしないように！

Point

xy平面と点(a, b)は、横軸の値を左側で、たて軸の値を右側で表す。
(ヨコ,タテ)の順番に注意しよう。

小学6年・中学1年

60 比例の式とグラフ

たったこれだけ！

y が x に比例するとき、$y=ax$ と表され、グラフは原点を通る直線になる。a は $\dfrac{y}{x}$ の値で比例定数という。

a が正の数のときの
$y=ax$ のグラフ

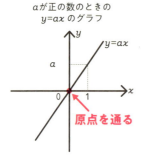

a が負の数のときの
$y=ax$ のグラフ

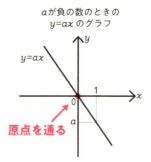

「y と x が比例する」とは x の値が2倍、2倍…になると、y の値も2倍、3倍…になる関係のことをいう。

147頁の解答 ①x軸 ②y軸 ③原点 ④直線 ⑤みたしており ⑥ならない（$x=1$、$y=2$ なので、$2=a×1$）

例題 (1) 飴の個数(x個)とその個数での価格(y円)は比例していると言える。次の表の①と②に入る数字と比例定数を求めよう。

x個	2	①	6
y円	300	600	②

①はyが2倍になるとxも2倍になるので4。

②はxが3倍になるとyも3倍になるので900。

比例定数は $\dfrac{y}{x} = \dfrac{300}{2} = 150$

(2) 次のグラフの中から$y=3x$はどのグラフか。また、$y=-2x$はどのグラフになるか。

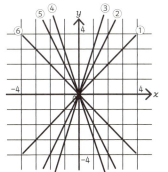

$y=3x$ は $x=1$ で $y=3$ となる点を通るグラフより、③のグラフである。

$y=-2x$ は $x=1$ で $y=-2$ となる点を通るグラフより、⑤のグラフである。

> グラフの式に$x=1$を代入してyを求めるとグラフが通る点を求めることができる

(3)次の式の中で、比例の関係にある式を選べ。

① $y = x + 1$　　② $y = 3x$　　③ $y = x^2$

④ $y + 2x = 0$　　⑤ $xy = 1$

$y = ax$ となっている式は②と④。

> ①は+1が余分。③は x が2乗になっているので違う。
> ④は $y = -2x$ となるので比例の式。
> ⑤は $y = \dfrac{y}{x}$ と x が分母になるので違う

練 習 問 題

(1)A君は1時間あたり本を5ページ読むことができる。300ページの本を読むとき、時間数と本の残りのページは比例するか答えよ。

時間数を x、残りのページを y とすると、x 時間で読むことのできるページ数は（①）ページである。

残りのページ数 y は、②（300ページから読んだページをひく｜0ページに読んだページをくわえる）と求めることができる。

よって、③（$y = 300 - 5x$｜$y = 0 + 5x$）と表すことができる。この式は $y = ax$ と表され④（ている｜ていない）ので比例⑤（している｜していない）とわかる。

(2)アメの個数（x 個）とその個数での購入額（y 円）は

150

比例していると言える。3個で600円の場合に、式を利用して7個のときの購入額を求めよ。さらに1000円で買えるアメの個数を求めよ。

yがxに比例するので、$y=ax$とおける。
この式に$x=3$、$y=600$を代入してaを求めると、$600=a\times 3$から$a=$(⑥)とわかる。よって、$y=$(⑥)xとなる。
次に、7個のときの購入額は、$y=200x$の式に⑦($x=7$ | $y=7$)を代入すると(⑧)円とわかる。また、購入額が1000円のときの買える個数は$y=200x$の式に⑨($x=1000$ | $y=1000$)を代入してxを求めると(⑩)個とわかる。

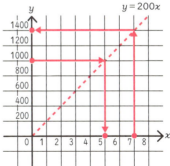

Point
比例関係を言葉や表から式やグラフにすると、2つの値の組がなくても、1つからもう一方を求めることができる。

小学6・中学1年

61 反比例の式とグラフ

たったこれだけ！

y が x に反比例するとき、$y = \dfrac{a}{x}$ と表され、グラフは原点を通らない双曲線。a の値は比例定数という。

反比例とは、一方が2倍、3倍…となったときに、もう一方は $\dfrac{1}{2}$ 倍、$\dfrac{1}{3}$ 倍…となる関係のこと。

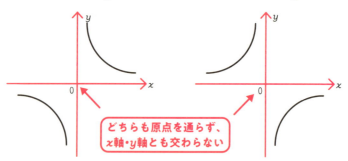

☆双曲線とは「双（2つ）の曲線」という意味。

例題 (1)次の表の飴を渡す人数（x人）と1人あたりの個数（y個）とは反比例していることがわかっている。①と②に入る数字と比例定数を求めよ。

x人	6	①	30
y個	10	5	②

×2　×5
×$\frac{1}{2}$　×$\frac{1}{5}$

y が $\frac{5}{10} = \frac{1}{2}$ 倍になるときに、x はその逆数の2倍になるので、①＝6×2＝12。

そして、②については x が $\frac{30}{6} = 5$ 倍になるときに、y は逆数の $\frac{1}{5}$ 倍になるので、②＝10×$\frac{1}{5}$＝2となる。

比例定数は $y =$ に $x = 6$、$y = 10$ を代入して、
$10 = \frac{a}{6} \rightarrow a = 60$ より、60となる。

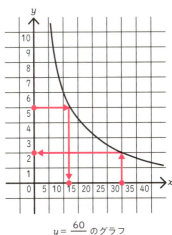

$y = \frac{60}{x}$ のグラフ

(2) 次のグラフの中から $y = \dfrac{2}{x}$ のグラフを選べ。

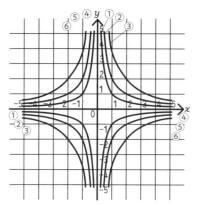

グラフは $x = 1, y = 2$ となる点を通るので②が $y = \dfrac{2}{x}$ である。

練習問題

(1) たての長さが $x cm$ 横の長さが $y cm$ の長方形がある。面積が $12 cm^2$ とわかっているとき、x と y の関係が比例・反比例・どちらでもない、のどれになるか確かめよ。

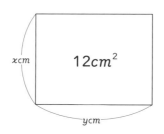

まず、面積を求めると、たて×よこ＝$x × y = 12$ が成り立つ。この式の形は①（$y = ax$ | $y = \dfrac{a}{x}$）になってい

るので②（比例 ｜ 反比例 ｜ どちらでもない）の関係に
あることがわかる。

(2)次に長方形の周の長さが12cmのときに x と y の
関係が、比例・反比例・どちらでもない、かを確かめよ。

周の長さは、たての長さ×2＋よこの長さ×2となる
ので、③（$2x + 2y = 12 \Rightarrow x + y = 6$ ｜ $x^2 + y^2 = 12$）が
成り立つ。
この式の形は④（$y = ax$ ｜ $y = \dfrac{a}{x}$ ｜ $y = ax$ と $y = \dfrac{a}{x}$ の
どちらでもない）になっているので⑤（比例 ｜ 反比例
｜ 比例・反比例のどちらでもない）の関係にあること
がわかる。

Point

反比例の関係は、2つの値の一方が増
えたらもう一方の値が減ることだけで
判断するのではなく、$y = \dfrac{a}{x}$ もしくは
$xy = a$ と式で表されるかで判断しよう。

中学2・3年

62 1次関数

> **たったこれだけ！**
>
> 1次関数 $y = ax + b$ は、傾きが a、切片が b の直線。a が正で右上がり、負で右下がりのグラフになる。

a と b の正負によって、グラフは次のようになる。

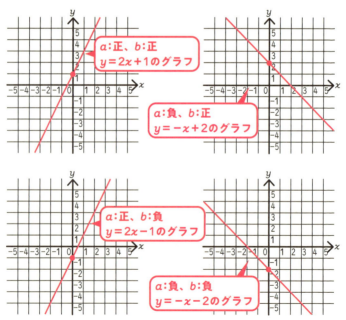

154〜155頁の解答① $y = \dfrac{a}{x}$ ②反比例 ③ $2x + 2y = 12 \Rightarrow x + y = 6$
④ $y = ax$ と $y = \dfrac{a}{x}$ のどちらでもない ⑤比例・反比例のどちらでもない

例題 傾きが3、切片が2となる1次関数のグラフの式を求めよう。

答え：$y = 3x + 2$ ← $y = ax + b$ の、$a = 3$、$b = 2$

練習問題

直線の傾きは、xが1進んだときにyがどのくらい変化したかを調べてもわかる。

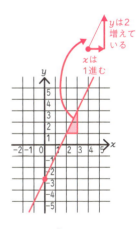

左グラフ内の色つき部の三角形に注目するとxが1進むとyは2増えている。よって、この直線の傾きは（①）とわかる。y切片はy軸との交点を確認することにより（②）とわかる。よって、この直線の式は
$y = $（③）$x + $④（3 | −3）である。

Point
1次関数であるとわかれば式が$y = ax + b$と決まる。比例は$y = ax$、反比例は$y = \dfrac{a}{x}$になることも一緒におさえておこう。

中学2・3年

63
変化の割合

たったこれだけ！

変化の割合は $\dfrac{y \text{の増加量}}{x \text{の増加量}}$ の値。2点から求める。1次関数の傾き、比例の比例定数と同じ値になる。

例 題 (1) x が2から4に変化したときに、y は3から9に変化したという。このときの変化の割合はいくつか。

「〇から●に変化」は●から〇を引けば、それぞれの増加量がわかる。x と y の値のセットがたてに並ぶようにすると間違えにくい

変化の割合 $= \dfrac{y \text{の増加量}}{x \text{の増加量}} = \dfrac{9-3}{4-2} = \dfrac{6}{2} = 3$

(2) x が1から3に変化したときに、y は8から2に変化したという。このときの変化の割合はいくつか。

変化の割合 $= \dfrac{y \text{の増加量}}{x \text{の増加量}} = \dfrac{2-8}{3-1} = \dfrac{-6}{2} = -3$

y の増加量は「大きいy－小さいy」ではなく、「大きいxのときのy－小さいxのときのy」であることに注意

158 157頁の解答①2②－3③2④－3

練習問題

点A(5, 8)から点B(9, −12)まで変化したときの変化の割合を求めよう。

xの増加量＝大きいx座標の値－小さいx座標の値＝（①）である。次に
yの増加量＝②（8−(−12)＝20 ｜ −12−8＝−20）
となるので
変化の割合＝③$\left(\dfrac{20}{4} = 5 \; \middle| \; \dfrac{-20}{4} = -5 \right)$となる。

Point

変化の割合の式は、分母のxの値の上に同じ点のyの値を分子に置く。「増加量」という言葉にだまされないようにしよう。

中学3年

64 2乗に比例する関数の式とグラフ

たったこれだけ！

yがxの2乗に比例する関数の式は$y=ax^2$。aが正で下に凸、aが負で上に凸のグラフになる。

「yがxの2乗に比例する」とはxの値が2倍、3倍…と変化したときに、yの値が2^2倍、3^2倍…となる関係のこと。

aが正の数だと下に凸、負の数だと上に凸のグラフになる。グラフの最も尖った部分を「頂点」といい、原点が頂点となる。また、y軸で折り返すと左右のグラフはぴったり重なる線対称の図形になる

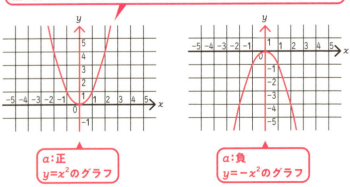

a：正
$y=x^2$のグラフ

a：負
$y=-x^2$のグラフ

159頁の解答 ①4（9−5=4） ②−12−8=−20 ③$\frac{-20}{4}=-5$

(1)次の式の中でyがxの2乗に比例する関数はどれか。すべて選べ。

① $y=3x$　② $y=3x^2$　③ $y=\dfrac{3}{x^2}$　④ $y=-x^2$

答：$y=ax^2$の式になっている②と④

(2) $y=-x^2$ において、$x=2$ のときの y の値と、$y=-1$ のときの x の値をそれぞれ求めよ。

$x=2$ を $y=-x^2$ へ代入
$y=-2^2=-1×2×2$
答：y の値は -4

$y=-1$ を $y=-x^2$ へ代入
$-1=-x^2$
$x^2=1$
$x=±\sqrt{1}=±1$

$x^2=a$ のとき $x=±\sqrt{a}$ になる（P.66）

答：x の値は $±1$

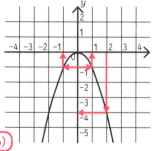

x の値が1つ決まるとyの値が1つ求められ、yの値が1つ決まると、xの値が2つ求められることは、グラフからもわかる

練 習 問 題

$y = ax^2$ が点A$(2, 1)$を通るという。

(1) このときの a の値を求めよ。

(2) $x = 4$ のときの y の値と $y = 2$ のときの x の値を求めよ。

(1) 通る点$(2, 1)$の値を $y = ax^2$ に代入すると、
① $(2 = a \times 1^2 \mid 1 = a \times 2^2)$ となる。
これを解くと a は② $\left(2 \mid \dfrac{1}{4} \right)$ となる。

(2) $y = \dfrac{1}{4} x^2$ の式に $x = 4$ を代入して計算すると、
$y = \dfrac{1}{4} \times 4^2 = $（③）となる。$y = \dfrac{1}{4} x^2$ の式に $y = 2$ を代入して
$2 = \dfrac{1}{4} x^2 \rightarrow x^2 = 8$ を解くと $x = $④$(\pm 2 \mid \pm 2\sqrt{2})$ となることがわかる。

Point
2乗に比例する関数 $y = ax^2$ は原点以外の通る点が1つわかれば、a を求めてグラフを決定することができる。

[中学2年]

65 連立方程式の解と直線の交点

第4章 グラフ

たったこれだけ！

yとxの連立方程式の解は、2つのグラフの交点の座標。グラフの交点を求めるときには、連立方程式を解く。

例題 連立方程式 $\begin{cases} y = x + 2 \\ y = -x + 4 \end{cases}$ の解を下のグラフから予想せよ。

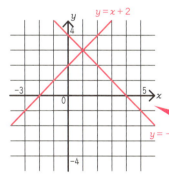

2直線の交点が(1, 3)であるので、連立方程式の解は $x = 1, y = 3$ となると予想される。

解の予想は交点の値から考える

162頁の解答 ① $1 = a \times 2^2$ ② $\dfrac{1}{4}$ ③ 4 ④ $\pm 2\sqrt{2}$

練習問題

(1) 2つのグラフ $y = 2x + 1$ と $y = -2x - 2$ の交点を求めよ。

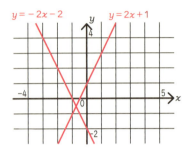

図より解は予想することが①(できる | できない)。

そこで、2つのグラフを連立方程式とみなして、解いていく。

グラフでの連立方程式は、$\bigcirc x + \triangle y = \square$ の語順にせず、$y =$ の右側どうしをイコールでつないで y を消去すれば簡単に x だけの1次方程式になる。

y を消去して、$2x + 1 = -2x - 2$ を解く。
$4x = -3$ より $x = $ ②$\left(\dfrac{1}{4} \mid -\dfrac{3}{4} \right)$、$x = $ (②) を代入すると $y = 2x + 1 = 2 \times \left(-\dfrac{3}{4} \right) + 1 = -\dfrac{3}{2} + 1 = $ (③) である。

よって交点の座標は ④$\left(\left(\dfrac{3}{4}, -\dfrac{1}{2} \right) \mid \left(-\dfrac{3}{4}, -\dfrac{1}{2} \right) \right)$ とわかる。

(2) 2つのグラフ $y=x^2$ と $y=-x+2$ の交点を計算で求めよ。

$\begin{cases} y=x^2 \\ y=-x+2 \end{cases}$ の連立方程式を解けば、解が交点の値となる。

yを消去して、$x^2=-x+2 \rightarrow x^2+x-2=0$ の左辺を因数分解すると⑤($(x+1)(x-2)=0$ | $(x-1)(x+2)=0$)となる。

> 因数分解についてはP84を参照

この2次方程式を解くと⑥($x=-1, 2$ | $x=1, -2$)となり、$y=x^2$へ代入して求めることで、交点は⑦((-1, 1)と(2, 4) | (1, 1)と(-2, 4))となる。

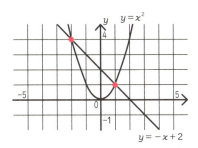

Point
直線どうしの交点は1次方程式を、直線と2乗に比例する関数の交点は2次方程式を解くことで交点の座標がわかる。

第 **5** 章

日常生活に使える
算数・数学

小学5・6年・中学1年

66 平均値と中央値

たったこれだけ！

平均値は全体の和を個数でわった値。
中央値は全てを小さい順に並べた真ん
中の値。最頻値は一番多く出た値。

例 題 10点満点のテストを7人で受けたら7点、4点、
9点、1点、6点、8点、7点だった。

(1) このテストの平均値を求めよ。

$(7+4+9+1+6+8+7)÷7=42÷7=6$　答:6点

> 平均値は全部をたして、データの個数でわる。

(2) このテストの中央値を求めよ。

小さい順に並べると
1点、4点、6点、7点、7点、8点、9点
真ん中の数(左から4番目)に注目して　答:7点

> 中央値は小さい順か大きい順に並べ直してから考え、同じ点数の
> ものでも1つにまとめずに個数分だけ書いていく

(3) このテストの最頻値を求めよ。

7点が2回、他の点数は1回の出現なので、答:7点

168　164〜165頁の解答①できない②$-\dfrac{3}{4}$③$-\dfrac{1}{2}$④$\left(-\dfrac{3}{4}, -\dfrac{1}{2}\right)$
⑤$(x-1)(x+2)=0$⑥$x=1, -2$⑦$(1,1)$と$(-2,4)$

練習問題

8人が10点満点のテストを受けた。点数の低い順に並べた結果は1点、4点、5点、5点、5点、5点、5点、6点となった。

このテストの平均点は(1+4+5+5+5+5+5+6)÷8＝36÷8＝①(4点｜4.5点｜5点)で、中央値は②(4点｜5点｜6点)になる。

> 中央値はデータが偶数個のときには真ん中の2つの値をたして2でわった値(2つの値の平均値)にする

1点の人の結果を抜いて7人で考えると平均点は(4+5+5+5+5+5+6)÷7＝35÷7＝(③)点になる。
中央値は④(4点｜5点｜6点)になる。
他の値に比べて大きく外れた値(外れ値)がある場合は⑤(平均値｜中央値)の方が影響を受けやすいことがわかる。

Point

平均値は外れ値がある場合、中央値は中央以外のデータを参考にしたい場合、最頻値は最頻値をとる値が複数ある場合、には使わないほうがよい。それぞれの特徴をつかんで使いこなそう。

第5章

日常生活に使える算数・数学

小学6年・中学1年

67 階級とヒストグラム

たったこれだけ！

階級はデータの区間を表す。階級値は階級の真ん中の値。度数分布表をグラフにするとヒストグラムになる。

例題 次の度数分布表は、ある30人のクラスの身長を調べたものである。

> 累積相対度数は相対度数を上から累積した（加えた）もの

身長(cm) 以上　未満	度数(人)	相対度数	累積相対度数
140〜150	3	0.1	0.1
150〜160	12	0.4	0.5
160〜170	9	0.3	0.8
170〜180	6	0.2	①
合計	30	1	

> 相対度数は、階級の度数を相対度数で割った割合のこと

170　169頁の解答①4.5点②5点((5+5)÷2＝10÷2＝5)③5④5点(左から4番目)⑤平均値

(1)階級の幅を求めよ。

答：10cm ― 幅なので1つの階級での大きい値－小さい値となる

(2)度数が最も大きい階級の階級値を求めよ。

答：155cm ― 度数が最も大きい階級は150～160。階級値はその真ん中の値

(3)①の値を求めよ。

答：1 ― 累積相対度数は最後の階級で1になる。相対度数をたしても1になる

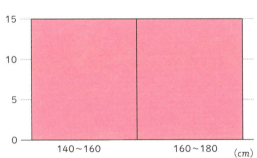

■あるクラスの身長

ヒストグラムは1つの階級に含まれているデータはその間にいる、ということがわかるだけで、それ以上の詳しい様子はわからない。例題の階級を広くしてしまうと、ヒストグラムにした際に、上のようになってしまい、160センチ以下が15人、160センチ以上が15人ということしかわからない、おおざっぱなヒストグラムになってしまう

第5章 日常生活に使える算数・数学

練習問題

例題の度数分布表をヒストグラムに直したものはどれが適当か

❶

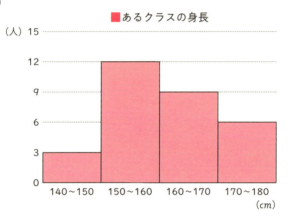

❷

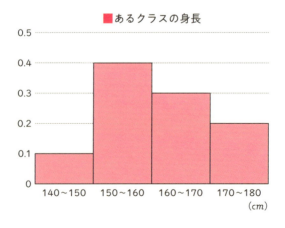

ヒストグラムの縦軸は①(度数 | 相対度数)をとるので、ヒストグラムとしては②(❶ | ❷)のグラフが適当である。

ヒストグラムから身長が13番めに高い人は、どのくらいの身長なのかを考えよう。150〜160cmの階級には4番目から15番目の人がいる。階級の前半である4番目から9番目の人は150と160の半分の155cmまでにいると③(いえる | いえない)。あとの半分の10番目から15番目の人は155cmよりも大きなところにいると④(いえる | いえない)。よって、13番目に高い人は155cm〜160cmの間にいると確定⑤(できる | できない)

もっと細かい情報が知りたい場合には、度数分布表の階級の幅を⑥(せまく | ひろく)すればよい。

第5章　日常生活に使える算数・数学

Point

ヒストグラムは、適当な階級の幅にしないとデータの変化が視覚化できなくなってしまう。自分で作るときは階級の幅を調整してわかりやすいグラフにしよう。

中学2年

箱ひげ図

たったこれだけ！

箱ひげ図は左から、最小値、第1四分位数、第2四分位数、第3四分位数、最大値を書き込んだものである。

【箱ひげ図の用語等】

四分位数は、データを小さい順に並べたときに「四つに分割した位置」になるイメージ。
囲んで考えると分割の様子がわかりやすくなる。

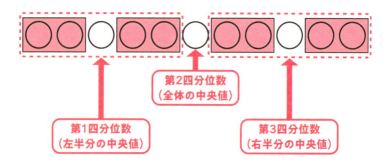

例題 次の箱ひげ図はあるクラスの15人の生徒が図書館で1週間に借りた本の冊数についてのものである。

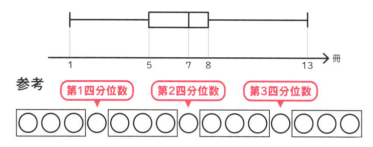

参考

(1) 最小値を求めよ。　1番左の値に注目
　　答：1冊

(2) 最大値を求めよ。　1番右の値に注目
　　答：13冊

(3) 四分位範囲を求めよ。　第3四分位数－第1四分位数＝8－5＝3
　　答：3冊

(4) 第2四分位数となるのは少ない方から何番目の人の冊数になるか。答：8番目

(5) 第1四分位数となるのは少ない方から何番目の人の冊数になるか。答：4番目

(6) 第3四分位数となるのは少ない方から何番目の人の冊数になるか。答：12番目

第5章 日常生活に使える算数・数学

練習問題

次のヒストグラムは15人が受けたテストの結果である。この結果を箱ひげ図にしたものはどれか答えよ。

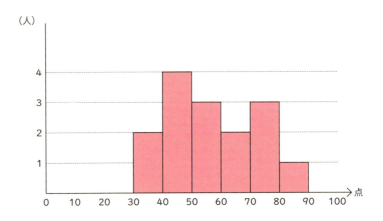

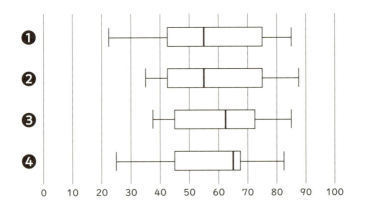

まず、最大値、最小値について考える。最大値は皆80〜90点の間に入っているので、選ぶことはできない。次に最小値について考える。ヒストグラムから最小値は①（30点未満｜30点以上40点未満）だとわかるので、箱ひげ図では②（❶か❹｜❷か❸）とわかる。

第1四分位数は、全て40点以上50点未満にいる。第2四分位数に関しては中央値であるので、小さい方から8番目の人が入っている部分にある。それはヒストグラムから③（50点以上60点未満｜60点以上70点未満）にいることがわかる。よって、箱ひげ図では④（❶か❷｜❸か❹）ということになる。

第3四分位数は、ヒストグラムで小さい方から12番目、大きい方から4番目なので70点以上80点未満にいる。よって、箱ひげ図は❶か❷か❸ということになる。

以上より適する箱ひげ図は⑤（❶｜❷｜❸｜❹）である。

Point

箱ひげ図のひげが長くなると外れ値があることがわかる。ひげの部分には何もデータがないわけではなく、全体の $\frac{1}{4}$ のデータが含まれていることに注意しよう。

第5章　日常生活に使える算数・数学

中学2年

69 確率の基本

たったこれだけ！

確率は $p = \dfrac{部分通り（それが起きる通り）}{全通り}$ である $0 \leqq p \leqq 1$ の数。同様に確からしい、にして数え上げる。

例題 (1) 袋に99個の赤玉と1個の白玉が入っている。ここから玉を1個を取り出すときに、赤玉を取り出すことと白玉を取り出すことは、同様に確からしいといえるか。

答：言えない

> 赤玉の方がたくさん入っていて、赤玉は区別できない。このとき、赤玉を取り出す方が起きやすい

(2) (1)の99個の赤玉に1〜99番の番号と1個の白玉に100番を書き入れた。このとき、1〜100番までのどの番号をひくことをも同様に確からしいといえるか。

答：言える

> 見た目が同じものを「同様に確からしい」にするには、番号をふったりして区別すればよいことがわかる

練習問題

10本中当たりが3本のくじがある。A君が「当たりとはずれかの2通りしかないから、当たる確率は$\frac{1}{2}$だ」と言っている。このA君の発言は正しいかどうか確かめよ。

それぞれのくじを同様に確からしい、にするには、当たりくじに1～3の数字、はずれくじに4～10の数字をふったりして区別する必要が①（ある｜ない）。

全通りは、10本の中から1本引いたときに書いてある番号全てとなるから、番号1～10の（②）通りである。

この中で当たりが起きている通りは、番号でいうと1、2、3の（③）通りなので、確率は④（$\frac{1}{2}$｜$\frac{3}{10}$）となる。よって、A君の発言は⑤（あっている｜間違っている）とわかった。

Point

確率での間違いの多くは「同様に確からしい」「書き出し」をしていないときに起きる。全部に番号をふったり、順番をつけたり、と区別をつけて実際に書き出してみよう。

第5章 日常生活に使える算数・数学

中学2年

70 確率を表と樹形図で考える

たったこれだけ！

確率の書き出し方には、複数のものを同時に考えるには表、順に進めていくものには樹形図がある。

例題 (1)大小2つのサイコロふって、出目の合計がいくつになるものが一番確率が大きくなり、その確率はいくつか。

	1	2	3	4	5	6
1	2	3	4	5	6	7
2	3	4	5	6	7	8
3	4	5	6	7	8	9
4	5	6	7	8	9	10
5	6	7	8	9	10	11
6	7	8	9	10	11	12

「表」を使って出目を表す

答：合計が7のときに一番大きくなり、確率は $\frac{6}{36} = \frac{1}{6}$

分母は全通りの36。分子は合計が7になる6通りの組み合わせ

表の1マスは確率が $\frac{1}{36}$ で、同様に確からしい、になっている

180　179頁の解答①ある②10③3④ $\frac{3}{10}$ ⑤間違っている

練習問題

赤玉が3個、白玉が2個入っている袋がある。1個ずつ玉を戻さずに2個取り出したときに赤と白を1個ずつ引く確率を求めよう。

今回は順に進めていくものであるから①（表｜樹形図）が使いやすい。順に進めていくのであるから、1度引いたものを2個目に出目として②（使う｜使わない）。赤玉と白玉それぞれを区別する必要は③（ある｜ない）。

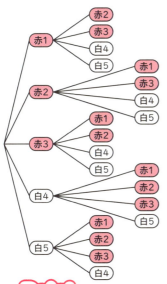

左図の樹形図のようになり、全通りは（④）通り。赤と白が1個ずつ取り出すのは（⑤）通り。よって、求める確率は $\frac{(⑤)}{(④)} = \frac{(⑥)}{5}$ とわかる。

Point
表で書けるものは樹形図でも書き表すことができるので、どちらを使ってもよい。

小学5・中学1年

71 割合と倍数

たったこれだけ！

割合は、割合＝比べられる量÷もとにする量。倍数が主に小数になるときの言い方、という見方が大事。

例 題 太郎君の身長は150cm、太郎君のお父さんの身長は180cmである。

(1)太郎君の身長をもとにする量としたときのお父さんの身長の割合はいくつになるか。小数で答えよ。

割合＝比べられる量÷もとにする量
$$＝180÷150＝1.2$$

もとにする量が太郎君の身長、比べられる量がお父さんの身長

(2)お父さんの身長をもとにする量としたときの太郎君の身長の割合はいくつになるか。分数で答えよ。

割合＝比べられる量÷もとにする量
$$＝150÷180＝\frac{150}{180}＝\frac{15}{18}＝\frac{5}{6}$$

もとにする量がお父さんの身長、比べられる量が太郎君の身長

182 181頁の解答①樹形図②使わない③ある④20⑤12⑥3

練習問題

80個のアメは150個のどのくらいの割合かを分数で求めよ。

AはBのどのくらいの割合か、を考えるとき、「は」に注目して比べられる量を、「の」に注目してもとにする量を決めていく。比べられる量は①（A｜B）で、もとにする量は②（A｜B）である。

80個「は」150個「の」となっている。
よって、今回の比べられる量は③（80｜150）、もとにする量は④（80｜150）である。

割合を計算すると、
割合＝比べられる量÷もとにする量＝
⑤$\left(150 \div 80 = \dfrac{150}{80} = \dfrac{15}{8} \; \middle| \; 80 \div 150 = \dfrac{80}{150} = \dfrac{8}{15} \right)$
となる。

Point

「割合」は言葉が難しい気がするが「は」「の」に気をつければよい。倍数と同じ考え方とわかることで、言葉の壁を乗り越えていこう。

第5章　日常生活に使える算数・数学

小学5・中学1年

72 割合と百分率

たったこれだけ！

百分率（％）は、百分率（％）＝比べられる量÷もとにする量×100、つまり割合を100倍した値。

例題 (1) 275は500の何％になるか求めよ。

百分率（％）＝比べられる量÷もとにする量×100

$$= 275 \div 500 \times 100 = \frac{275}{500} \times 100 = 55（\%）$$

「は」に注目して、比べられる量が275、「の」に注目して、もとにする量が500とわかる

(2) 200の40％はいくつになるか求めよ。

比べられる量＝もとにする量×$\frac{\%の値}{100}$

$$= 200 \times \frac{40}{100} = 2 \times 40 = 80$$

公式を言い換えると
比べられる量＝もとにする量×$\frac{\%の値}{100}$
となる

練習問題

(1) 5000円の30％オフの服がいくらになるかを考えよ。

184　183頁の解答①A②B③80④150⑤80÷150＝$\frac{80}{150}$＝$\frac{8}{15}$

値引き後の価格はもとの5000円の①（100－30＝70｜100＋30＝130）％ということになる。

よって②（$5000 \times \dfrac{70}{100} = 3500$｜$5000 \times \dfrac{130}{100} = 6500$）円になるとわかる。

(2)税抜き7000円の机が消費税10％のときに支払額はいくらになるかを考えよ。

消費税の10％は、100％③（から10％をひく｜に10％を加える）ということになる。
よって、支払額はもとの7000円の④（90｜110）％ということになるから

消費税を含めた支払額は⑤（$7000 \times \dfrac{90}{100} = 6300$｜$7000 \times \dfrac{110}{100} = 7700$）円となることがわかる。

Point
百分率は、百を超えた数になってもよい。セールの金額や税込価格の計算などに活用して、生活と数学をどんどん結びつけていこう。

第5章　日常生活に使える算数・数学

小学5・中学1年

73 割合と歩合

たったこれだけ！

歩合＝比べられる量÷もとにする量×10。値の整数部分が「割」、小数第一位が「分」、第二位が「厘」。

例題 (1)3割2分1厘は歩合における数字にするといくつになるか。

「割」が整数、「分」が小数第一位の数、「厘」が小数第二位の数なので、3割2分1厘は3.21

(2)100点満点のテストで、85点を取ったとする。このときの歩合はいくつになるか。

歩合＝比べられる量÷もとにする量×10＝85÷100×10＝0.85×10＝8.5
よって、8割5分

> この値の整数部分が「割」、少数第一位が「分」になる

(3)2割7分5厘の成功率の迷路がある。800人が迷路に挑戦したら、迷路に成功した人は何人になるか。

186 185頁の解答①100－30＝70②5000×$\frac{70}{100}$＝3500③に10％を加える④110⑤7000×$\frac{110}{100}$＝7700（70×110＝7700）

まず、歩合の表現を整数と小数を使った値に直すと、2割7分5厘＝2.75である。

割合の数字だと0.275になる。次項参照

よって、比べられる量＝もとにする量×$\dfrac{歩合の値}{10}$より、

求める人数は$800 \times \dfrac{2.75}{10} = 80 \times 2.75 = 220$

答：220人

練 習 問 題

税抜き9000円の机は4割引であれば、税抜きの価格はいくらになるか。

歩合の考え方ではもとにする量の9000円を（①）割と考える、ということになる。

よって、値引き後の価格はもとの9000円の②（4｜6｜14）割ということになる。

以上により、③（$9000 \times \dfrac{4}{10} = 3600$｜$9000 \times \dfrac{6}{10} = 5400$｜$9000 \times \dfrac{14}{10} = 12600$）円になるとわかる。

Point

歩合は△.□○の数字を「△割□分○厘」に言い換えなければならないので注意。逆に、「△割□分○厘」を数字にする際には、それぞれの数字がどの桁になるのか注意しよう。

第5章

日常生活に使える算数・数学

187

小学5・中学1年

74 割合と百分率と歩合

たったこれだけ！

百分率⇒割合は100で、歩合⇒割合は10でわる。割合⇒百分率は100を、割合⇒歩合は10をかける。

例題 (1)①、②は、百分率と歩合のどちらになるか。

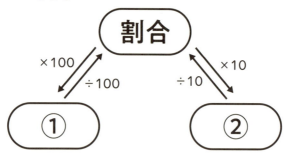

答：①百分率　②歩合

(2)百分率78%を割合に直し、割合を歩合で表せ。

78%を割合に直すには100でわればよい。
78÷100＝0.78

この割合を歩合に直すには10をかければよい。

$0.78 × 10 = 7.8$　この数字を歩合の言い方に直すと、7割8分となる。割合の0.78から直接7割8分としてもよい

練習問題

歩合5割7分を割合の値に直し、割合の値を百分率で表せ。

歩合の値を割合の値に直すにはまず歩合の表現を数字に直す。「割」は①（整数 | 小数第一位）部分、「分」は②（小数第一位 | 小数第二位）の数になるから、5割7分＝③（5.7 | 57）となる。

これを割合の値に直すには10でわればよい。
③÷10＝④（0.57 | 5.7）

この数字を百分率の値に直すには、さらに100をかければよい。
④×100＝⑤（57 | 570）　よって、答えは（⑤）％

Point

歩合と百分率を直接変換してもいいが、間に割合をはさむことで本質が見えてくる。

小学6年・中学1年

75
比と比の関係

たったこれだけ！

比は2つの量を、もとにする量と比べられる量を決めずに扱う。
A:B＝C:DならB×C＝A×Dが成立。

例題 (1)10:6＝5:4と言えるかを確かめよ。

A:B＝C:DのときのB×Cを内項の積（ないこうのせき）、A×Dを外項の積（がいこうのせき）という

内項の積＝6×5＝30、外項の積＝10×4＝40
内項の積≠外項の積より、10:6＝5:4とは言えない。

(2)7:3＝○:21のとき、○はいくつになるか。

内項の積＝3×○、外項の積＝7×21＝147
3×○＝147より、両辺を3でわって
3÷3×○＝147÷3　よって、○＝49

(3)A:Bの比のAとBに同じ数をかけたりわったりしても同じ比になる。この性質を使って、$\frac{1}{3}:\frac{1}{4}$を簡単な整数の比に直せ。$\frac{1}{3}:\frac{1}{4}＝\frac{1}{3}×12:\frac{1}{4}×12＝4:3$

3と4の最小公倍数の12をかけることで分数を解消

190 189頁の解答①整数②小数第一位③5.7④0.57⑤57

練 習 問 題

ケーキを5個作るためには砂糖が150g 必要とする。
ケーキを3個作るためには砂糖は何g 必要となるか。

この場合、ケーキの個数と砂糖のg 数の比は、ケーキの個数が変わっても同じ比の関係にあると①（言える｜言えない）。
よって、砂糖がxg 必要だったとすると、
ケーキの個数:砂糖のg 数
を考えることで
②（$5:150＝x:3$｜$5:150＝3:x$）が成り立つので、
③（$150×x＝5×3$｜$150×3＝5×x$｜$150×5＝3×x$）
となり、これを解くと、
④（$x＝0.1$｜$x＝90$｜$x＝250$）となる。

よって、砂糖は⑤（$0.1g$｜$90g$｜$250g$）必要とわかる。

Point
身の回りには同じ比の関係のものはたくさんある。「〜あたりの」ものを見つけて、比に慣れていこう。

第5章 日常生活に使える算数・数学

小学6年

76 単位の変換

たったこれだけ！

単位の変換は、k（キロ）は千倍、c（センチ）は百分の一、m（ミリ）は千分の一。単位毎の相性に注目。

基準	k（キロ）	c（センチ）	m（ミリ）
m（メートル） 距離・長さで用いる	$1km=1000m$	$1cm=\dfrac{1}{100}m$ $100cm=1m$	$1mm=\dfrac{1}{1000}m$ $1000mm=1m$ $1mm=\dfrac{1}{10}cm$ $10mm=1cm$
g（グラム） 質量で用いる	$1kg=1000g$	なし	$1mg=\dfrac{1}{1000}g$ $1000mg=1g$
L（リットル） 体積で用いる （m、gと同じ扱いの体積）	$1kL=1000L$	なし	$1mL=\dfrac{1}{1000}L$ $1000mL=1L$

例題 (1)1200gをkgを使った単位で表せ。

$1200g=1200×\dfrac{1}{1000}kg=1.2kg$　　$1g=\dfrac{1}{1000}kg$

192　191頁の解答①言える②5:150＝3:x③150×3＝5×x④x＝90⑤90g

(2) 2.3LをmLを使った単位で表そう。

2.3L ＝ 2.3×1000mL ＝ 2300mL

> 1L＝1000mL

練 習 問 題

単位変換は、①（変換前の単位｜変換後の単位）を1にして②（変換前の単位｜変換後の単位）を表すと変換がしやすい。

540gをkgに直すには、

1g＝③$\left(1000kg \mid \dfrac{1}{1000}kg \right)$を利用すればよい。

540g＝540×1g

＝④$\left(540 \times 1000kg \mid 540 \times \dfrac{1}{1000}kg \right)$

＝⑤（540000kg｜0.54kg）となる。

Point

単位変換は、まず整数だけを使った変換、例えば 1g＝1000mg の式を作り、ここから分数を使った変換 1mg＝$\dfrac{1}{1000}$g の式を作るとやりやすい。

第5章 日常生活に使える算数・数学

小学6年

77 面積の単位変換

たったこれだけ！

面積の単位変換は$1m=100cm$を2回ずつかけ、$1m×1m=100cm×100cm$
⇒$1m^2=10000cm^2$。

面積における他の単位変換は次のようになる。

基準	k(キロ)	c(センチ)	m(ミリ)
m(メートル) 距離・長さで用いる	$1km=1000m$ ⇒$1km×1km=$ $1000m×1000m$ ⇒$1km^2$ $=1000000m^2$	$1m=100cm$ ⇒$1m×1m=$ $100cm×100cm$ ⇒$1m^2=$ $10000cm^2$	$1cm=10mm$ ⇒$1cm×1cm=$ $10mm×10mm$ ⇒$1cm^2=100mm^2$

例題 (1)$2.1m^2$をcm^2を使った単位で表そう。

$2.1m^2=2.1×1m^2=2.1×10000cm^2=21000cm^2$

0の数が多くなるので数え間違えないように

(2)$46000m^2$をkm^2を使った単位で表そう。

$46000m^2=46000×1m^2=46000×\dfrac{1}{1000000}km^2$

　　　$=0.046km^2$　　$1m^2=\dfrac{1}{1000000}km^2$

194 193頁の解答①変換前の単位②変換後の単位③$\dfrac{1}{1000}$ kg④$540×\dfrac{1}{1000}$ kg⑤$0.54kg$

[練習問題]

面積のcm^2とmm^2との単位変換の式を、1辺が1cmの正方形を使って、自分で作り出せ。

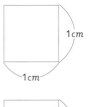

1辺の1cmの正方形の面積は
①($1cm^2$ | $10cm^2$ | $100cm^2$)
である。

そして、1cmを10mmに言い換えた場合、面積は
②($1mm^2$ | $10mm^2$ | $100mm^2$)
である。

2つの正方形の面積は③(同じである | 違う)ので、
$1cm^2 = 100mm^2$、また、$1mm^2 = \dfrac{1}{100}cm^2$とわかる。

Point

単位²と表される面積の単位は、もとの単位の変換と、正方形を利用することで、自分で変換の式を作ることができるようになろう。

小学6年

78
体積の単位変換

たったこれだけ！

体積の単位変換は1m＝100cmを3回ずつかけ、1m×1m×1m＝100cm×100cm×100cm⇒$1m^3$＝$1000000cm^3$。

体積における他の単位変換は次のようになる。

基準	k(キロ)	c(センチ)	m(ミリ)
m(メートル) 距離・長さで 用いる	1km=1000m ⇒1km×1km×1km= 1000m×1000m× 1000m⇒$1km^3$= 1000000000m^3 (0が9個)	1m=100cm ⇒1m×1m×1m= 100cm×100cm× 100cm⇒$1m^3$= $1000000cm^3$	1cm=10mm ⇒1cm×1cm×1cm= 10mm×10mm× 10mm⇒$1cm^3$= $1000mm^3$

0の数は、もとの単位変換の3倍の個数があるととらえておくとわかりやすい

例 題 (1)$5.7m^3$をcm^3を使った単位で表そう。

$5.7m^3$＝5.7×$1m^3$＝5.7×$1000000cm^3$＝$5700000cm^3$

(2)$85000000m^3$をkm^3を使った単位で表そう。

$85000000m^3$＝85000000×$1m^3$

196　195頁の解答①$1cm^2$②$100mm^2$③同じである

$= 85000000 \times \dfrac{1}{1000000000} km^3 = 0.085 km^3$

$1km^3 = 1000000000 m^3 \Rightarrow 1m^3 = \dfrac{1}{1000000000} km^3$

練習問題

1辺が$1m = 100cm$の立方体を使って、m^3とcm^3との体積の単位変換の式を自分で作り出そう。

1辺が1mより体積は
①($1m^3$ | $100m^3$ | $1000m^3$)
である。

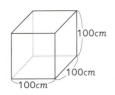

1辺の1mを100cmと言い換えると、1辺が100cmより体積は
②($1cm^3$ | $10000cm^3$ | $1000000cm^3$)である。

2つの立方体の体積は③(同じである | 違う)ので、
$1m^3 = 1000000cm^3$、また、$1cm^3 = \dfrac{1}{1000000} m^3$とわかる。

Point

単位^{3}と表される体積の単位変換は、立方体を利用すればよい。0の個数が多くなるので、日常生活では適切な単位を使うようにしよう。

小学3年

79 時間の単位変換

たったこれだけ！

1日＝24時間、1時間＝60分、1分＝60秒、と、これまでの値との違いに注意する。

日⇔時間	時間⇔分	分⇔秒
1日＝24時間	1時間＝60分	1分＝60秒
$\frac{1}{24}$日＝1時間	$\frac{1}{60}$時間＝1分	$\frac{1}{60}$分＝1秒

例題 (1)50分＋80分は何時間何分になるか。ただし、答えの「分」は60を超えない数にする。

50分＋80分＝130分　130÷60＝2あまり10より

答：2時間10分　← 1時間は60分なので60でわった商が時間になる

(2)30分は何日になるか。分数で答えよ。

$30分＝30×1分＝30×\frac{1}{60}時間＝30×\frac{1}{60}×1時間$

$30×\frac{1}{60}×\frac{1}{24}日＝\frac{1}{2}×\frac{1}{24}＝\frac{1}{48}日$

198 197頁の解答①1m³②1000000cm³③同じである

練習問題

1日7時間10分から9時間45分をひくと、何時間何分になるかを計算してみよう。ただし、答えの「分」は60を超えない正の数にする。

まず、7時間から9時間はひき①（きれる｜きれない）。よって、1日7時間をくりさがりをイメージして②（17｜31）時間にする。そうすると、（②）時間－9時間＝③（8｜22）時間となる。

10分から45分はひき④（きれる｜きれない）ので、繰り下がりをイメージし、22時間10分＝21時間（⑤）分として

21時間（⑤）分－45分＝⑥（21時間35分｜21時間25分）になることがわかった。

> **Point**
> 時間の計算の繰り上がりや繰り下がりのときに、1日＝10時間や1時間＝10分などと勘違いしないように注意しよう。

第5章 日常生活に使える算数・数学

小学4〜6年・中学1年

80 速さ・時間・距離

たったこれだけ！

速度に関する公式は、
距離＝速さ×時間、速さ＝距離÷時間、
時間＝距離÷速さ、の3つ。

例題 （1）時速3kmの速さで5時間進んだときの距離は何kmか。

> 距離は「道のり」と表すときもある

距離（道のり）＝速さ×距離＝3×5＝15　答：15km

> 時速3kmは1時間で3km進む、ということ。5時間ということは、それが5つぶんということになる

（2）家から公園まで30kmある。6時間で到着したときの速さは時速何kmになるか。

速さ＝距離÷時間＝30÷6＝5　答：時速5km

199頁の解答①きれない②31（24＋7＝31）③22④きれない⑤70（60＋10＝70）⑥21時間25分

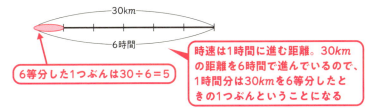

（3）家から駅まで60kmある。時速20kmで進んでいったとき、何時間かかるか。

時間＝距離÷時速＝60÷20＝3　答：3時間

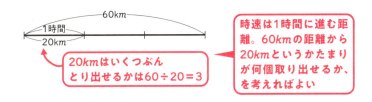

練習問題

A君は家から図書館までの3kmを30分で到着した。B君は駅から図書館までの5kmを40分で到着した。どちらの方が速いかを考えよう。

速さを比べるのであるから2人の①（速さ｜時間｜距離）を求める必要がある。

kmをmに直して、分速何メートルかを考える。1km＝1000mより、3km＝（②）m、5km＝（③）mである。

A君は3000mを30分で進んでいる。1分あたり進んだ距離は④(3000÷30 | 30÷3000)mであるので、A君の速さは分速⑤(100 | $\frac{1}{100}$)mということがわかる。

B君は5000mを40分で進んでいる。1分あたりに進んだ距離は⑥(5000÷40 | 40÷5000)mであるので、B君の速さは分速⑦(125 | $\frac{1}{125}$)mということがわかる。

よって、速いのは⑧(A君 | B君)だとわかった。

★この問題ではkmをmに変換して解いた。
わかりやすい単位に変換して単位を使いこなそう。

Point
速さは割合でもあるので考えづらい。
「1時間・1分間あたりの進む距離」とイメージして考えよう。

小学4〜6年・中学1年

81 速さが変化する場合

たったこれだけ！
速さに変化があるときは、全体の速さは和にはならない。全体の時間と距離を求めて変換する。

例題 （1）家から3km離れた駅に行き、駅から2km離れた公園に行った。家から公園までの距離は何kmとなるか。

距離は加えれば全体になる

3＋2＝5　答：5km

（2）家から山の頂上まで2時間かかり、頂上から休憩所まで1時間かかった。家から休憩所まで何時間かかったか。

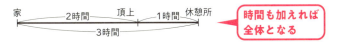
時間も加えれば全体となる

2＋1＝3　答：3時間

201〜202頁の解答①速さ② 3000③5000④3000÷30⑤100
⑥5000÷40⑦125⑧B君

(3) 家からデパートまで時速5kmで行き、デパートから駅へ時速3kmでいった。家からデパートまで時速8kmで行ったことになるか。

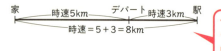

> それぞれの速さを加えても全体の速さにはならない。全体の距離と時間を使って求めることになる。

答：ならない

練 習 問 題

A君は家から本屋まで時速10kmで2時間かけて走り、図書館から本屋まで時速40kmで1時間かけてバスで行った。

家から図書館までの全体の時間は、それぞれの時速を加えて時速10＋40＝50kmでいったと①（いえる｜はいえない）。

全体の速さを求めるには、全体の距離が必要②（である｜ではない）。

家から図書館までの距離は、時速10kmで2時間進んだので（③）kmとなる。

図書館から本屋までの距離は、時速40kmで1時間進んだので（④）kmとなる。

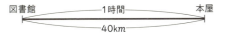

よって、家から本屋までは、距離が合計（⑤）kmで時間は合計（⑥）時間かかったことになる。

これらのことより、家から本屋までの平均の速さは1時間に進む距離を考えて、時速⑦（$60 \div 3 = 20km$ | $60 \times 3 = 180km$ | $3 \div 60 = \frac{1}{20}km$）となることがわかった。

Point
速さが変化しているときの全体の速さは「平均」の速さになる。それぞれの部分の速さの和にはならないことに注意しよう。

解答①はいえない②である③20④40⑤60⑥3⑦60÷3＝20km

おわりに

　この本に最後まで取り組んでいただき、ありがとうございました。一気に読んだ、時間をかけながらじっくりと取り組んだ、子供と一緒に楽しんだ、など、ご自身にあった使い方をしていただけたと思います。

　たくさんの「!!」を感じつつ、楽しく取り組んでいただけましたでしょうか。算数力、数学力アップを実感してもらえていれば嬉しい限りです。

　さらに、解釈の仕方をちょっと変えていくことで、現実的な学びにもつなげていける、ということに気づいていただけたかと思います。普段の算数や数学への取り組み方にも変化が生まれてきてくれているのではないでしょうか。

　ぜひ、この本で学んだことをきっかけに、算数・数学での新たな目標、例えば高校数学の習得などを目指して進んでいって下さい。「言葉」「現象」に着目できるようになったのですから、必ず目標を達成していけるはずです。そして、算数・数学に限らず、あなたの大きな夢の実現を目指していきましょう。そのためのツールが算数・数学なのですから。

本に取り組んだ際に、疑問・質問などが出てきましたら、些細なことでもどしどしお寄せください。できるかぎりお応えさせていただきたいと思っています。

　最後にお礼を述べさせてください。普段「とよくん塾」にて「わからない！」をぶつけてくれる塾生のみんな、そして卒業生のみんな、特に塾を一緒につくった一期生の大西正徳君、みんなに鍛えられた成果がこの本となりました。ありがとう！

　僕を支えてくれている妻の美幸、いろいろとアドバイスをしてくれた息子の陽豊にも感謝しています。

　そして、この本の企画し、編集をしてくださった岡田晴生さん。おかげさまで良い本に仕上がりました。誠にありがとうございます。

吉永豊文

（著者プロフィール）
吉永豊文（よしながとよふみ）

1973年生まれ。「とよくん塾」塾長、ZEN Study 数学科講師。早稲田大学政治経済学部経済学科卒。受験時、理系の数学で偏差値が80を超える。浪人時代、『英単語ピーナッツほどおいしいものはない』で有名な故・清水かつぞー先生に師事し、将来同じ道を目指すことを決意する。大学時代には塾や家庭教師で教師の経験を積み、独自のテキストを次々と作成、生徒に「わかりやすい！」「苦手科目が得意科目になった」と大評判に。2005年に独立、「とよくん塾」の塾長となる。

小中9年間の算数・数学が
教えられるほどよくわかる本

2025年5月1日　第1刷発行

著　者　吉永豊文
発行者　唐津　隆
発行所　株式会社ビジネス社
　　　　〒162−0805　東京都新宿区矢来町114番地　神楽坂高橋ビル5F
　　　　電話　03−5227−1602　FAX 03−5227−1603
　　　　URL　https://www.business-sha.co.jp/

〈カバーデザイン〉テニヲハ組版室
〈本文デザイン＆DTP〉株式会社三協美術
〈印刷・製本〉モリモト印刷株式会社
〈編集担当〉岡田晴生　〈営業担当〉山口健志

© Yoshinaga Toyofumi 2025 Printed in Japan
乱丁・落丁本はお取り替えいたします。
ISBN978-4-8284-2721-8